# 宝宝爱辅食

萨巴蒂娜 / 主 编

青岛出版社
QINGDAO PUBLISHING HOUSE

## 好好吃饭，快快长大

嘿，你这个小东西，带着爸爸和妈妈的基因烙印与我对生命的全部敬畏，就这么来到了这个世界。

我记住了你刚睁开眼的时刻，你的眼睛里有一个完整的宇宙。

我记住了你刚长出第一颗牙的时刻，如玉一样雪白，可爱。

我记住了你发出的第一声妈妈，我的眼睛立刻湿润，感动浸润全身。

我记住了你伸出小手将我一根手指握住，比羽毛还轻，又比泰山还重。

我帮你剪去长出的指甲，洗去身上的泥垢，理顺你柔软的发丝。

我洗手做羹汤，研究最科学的育儿方法，为你精心准备健康，营养又可口的食物。

我希望你有洁净的身体，健康的体魄。

我将陪伴你长大，我尽可能记住你成长的每一个里程碑，我将辅助你认识这个世界。

我知道你所吃的每一口食物都将成长为你的一部分，为此我殚精竭虑。

再也没有让你健康成长，成为一棵顶天立地的大树更让我迫切希望的事。

亲爱的宝贝，你知道吗?

我是真的爱你，你是上苍送给我的礼物。


谨以此书，送给唯唯。你要好好吃饭，快快长大。

萨巴蒂娜，于 2018 年的北京

萨巴蒂娜：国内畅销美食图书出版人、主编。曾出版美食小说《厨子的故事》，美食散文集《美味关系》。现任薇薇小厨主编。

新浪微博：www.weibo.com/sabadina

个人公众订阅号：sabachufang

# 目 录 Catalog

## 第一章　宝宝餐的秘密

## 第二章　3个月——体验鲜果生活

第三章　　4~6个月——啯摸人间滋味

## 第四章 7~8 个月——露出小小嫩"牙"

## 第五章　9~12个月——磨出美妙滋味

# 第六章 1岁~1岁半——淘气小魔头的吃喝盛宴

**第八章** 2~3岁——小大人的花样餐桌

174/吃出健康牙齿
**蟹棒烩莴笋**

175/妈妈的巧心思
**胡萝卜韭菜炒香干**

176/采蘑菇的小姑娘
**香爆草菇**

177/多彩蛋饼
**鸡蛋蔬菜面饼**

178/童年美味印记
**番茄炒鸡蛋**

179/锦上添花
**拌花生菠菜**

180/宝宝小甜品
**银耳红薯糖水**

181/去燥润心
**百合香菇炒丝瓜**

182/Q 爽弹牙
**双丝凉皮**

182/伴你过酷夏
**绿豆百合**

184/美味不简单
**香芹腐竹炒木耳**

185/迎风飞扬
**炒三丁小船**

186/吃到一滴不剩
**黄瓜汆里脊**

187/一口一颗的
樱桃小丸子
**香米肉丸**

188/活力四射的
小宝宝
**小炒猪肝**

189/咕噜咕噜
**菠萝鸡肉**

190/拿手早餐
**肉末豆腐鸡蛋羹**

192/翠绿中的一点红
**菠菜鸡丝**

194/秋季润燥美味
**芋头粉蒸排骨**

195/清淡鲜美，
营养均衡
**虾仁丝瓜**

196/清凉淡爽
**虾皮穿心莲**

198/大口嚼海味
**时蔬扇贝**

199/解馋营养两不误
**双拼沙冰**

200/超 Q 甜点
**木瓜红豆果冻**

201/美味小花园
**洋葱饭**

202/美味再升级
**香橙炸鳕鱼**

204/浓汤细面
**香菇鸡丝面**

206/香香小团子
**芝麻薯饼**

208/五彩香饭饭
**水果拌饭**

209/荤素一锅出
**土豆茄子牛肉煲**

210/奶声奶气
**奶香豌豆面**

 **第九章** 量身打造的宝宝功能套餐

# 第一章

## 宝宝餐的秘密

# 宝宝生长周期与食物进化阶梯

为配合不同食用时期的宝宝餐，本书将食谱分为下述几个阶段：

| 喂养阶段 | 吞咽期 | 咀嚼期 | 咬嚼期 | 大口咬嚼期 |
|---|---|---|---|---|
| 参考月龄 | 3~6 个月 | 7~8 个月 | 9~12 个月 | 1~3 岁 |
| 各阶段宝宝的表现 | 1. 宝宝每天都喝1000ml 以上的母乳或奶粉<br>2. 宝宝总是流口水，唾液分泌增多<br>3. 爱咬妈妈的乳头或奶嘴<br>4. 看到大人在吃东西，宝宝的小嘴开始不自觉地吧嗒 | 进入长牙期<br>特点：<br>1. 宝宝的唾液分泌量开始增加<br>2. 爱流口水，喜欢咬硬一点的东西<br>3. 哺乳时会咬妈妈的乳头<br>4. 睡觉有时不太安稳 | 进入断奶期<br>特点：<br>1. 宝宝对母乳的兴趣减少<br>2. 喝奶时有时显得无精打采 | 进入出牙期<br>特点：<br>1. 咀嚼能力有了明显提高，肠胃功能及消化酶的发育也较婴儿期更加成熟<br>2. 喜欢用手抓食物 |
| 每天辅食添加次数参考 | 每天 1 次，建议在上午喂食 | 每天 2 次，上、下午各 1 次 | 培养一日 3 餐的进食习惯。 | 每天 3 次，养成成人的进食习惯 |
| 米粥的形态 | 10 倍粥<br>（图示见下一页） | 7 倍粥<br>（图示见下一页） | 5 倍粥<br>（图示见下一页） | 用牙齿能咬碎的软饭<br>（图示见下一页） |
| 食物形态 | 滑润的泥糊状 | 用舌头可捣碎的硬度，参考味噌 | 用牙床能碾碎的硬度，参考香蕉 | 形态略软于正常成人的硬度，大小为正常成人食物的 1/3 |

# 米粥的形态

吞咽期：10 倍粥
（以米∶水 =1∶10 的比例蒸煮）

咀嚼期：7 倍粥
（以米∶水 =1∶7 的比例蒸煮）

咬嚼期：5 倍粥
（以米∶水 =1∶5 的比例蒸煮）

大口咬嚼期：软饭
（以米∶水 =1∶3 的比例蒸煮）

成人：米饭
（以米∶水 =1∶1.3 的比例蒸煮）

# 食物的形态

吞咽期（3~6 个月）：
食物的硬度以呈黏稠状、优质细致为标准。

咀嚼期（7~8 个月）：
切碎或者剁碎，但需略带颗粒状，硬度与味噌相似。

咬嚼期（9~12 个月）：
需略带咬感，以香蕉的硬度为标准。

大口咬嚼期（1~3 岁）：
不可与成人的食物相同。大致标准是略软、大小为成人食物的 1/3 左右。

# 不同月龄婴儿食谱举例

| 餐次 | 时间 | 2～3个月 | 4～6个月 | 7～9个月 | 10～12个月 |
|---|---|---|---|---|---|
| 1 | 6:00～6:30 | 母乳 | 母乳 | 牛奶（婴儿配方奶粉或母乳）220ml、饼干3~4块 | 牛奶（婴儿配方奶粉或母乳）220ml、饼干3~4块或小蛋糕1块 |
| 2 | 8:00～8:30 | 温水或稀释的蔬果汁30ml | 温水或稀释的果汁（或菜汁）60ml | 温水50ml、果泥（或菜泥）50ml | 温水60ml、果泥（或菜泥）60ml |
| 3 | 9:00～9:30 | 母乳 | 婴儿配方米粉15~25g、蛋黄1/4个、母乳至喂饱 | 牛奶（婴儿配方奶粉或母乳）220ml | 蒸蛋1个 |
| 4 | 12:00～12:30 | 母乳 | 母乳 | 牛奶（婴儿配方奶粉或母乳）220ml | 肉末碎菜粥（肉末、碎菜、米各25g） |
| 5 | 14:30～15:00 | 母乳 | 母乳 | 肉末蛋花豆腐粥（米粉30g、肉末25g、蛋黄半个、豆腐15g）、母乳喂至饱 | 牛奶（婴儿配方奶粉或母乳）220ml、小面包1个 |
| 6 | 18:00 | 母乳 | 鱼菜米粉泥（婴儿配方米粉、鱼泥、菜泥各15～25g）、母乳至喂饱 | 牛奶（婴儿配方奶粉或母乳）220ml | 猪肝蛋菜粥（米30g、猪肝末25g、蛋黄1个、碎菜15g） |
| 7 | 20:00～21:00 | 母乳 | 母乳 | 母乳 | 母乳（必要时） |
| 8 | 24:00 | 母乳 | 母乳（必要时） | | |

注：婴儿正式添加辅食后，每日辅食配比应该为：主食50%+蔬菜30%+水果10%+肉蛋10%。一岁半前还是以奶为主，辅食为辅。（每个孩子吃辅食标准都不会太相同，不强求喂食。每次添加辅食后，可以补充母乳至饱。）维生素AD制剂用量遵照医嘱，一般半岁-2岁儿童每日添加。

# 果汁、果泥、水果日添加参考量

| 宝宝月龄 | 添加量 | |
| --- | --- | --- |
| 3 个月 | 果汁 10~30ml | |
| 4 个月 | 果汁 30~50ml | |
| 5~6 个月 | 果汁 50~80ml | 果泥 15~20g |
| 7~8 个月 | 果汁 100ml | 果泥 25g |
| 9~11 个月 | 碾碎的水果丁 30~40g | |
| 12~15 个月 | 水果片或水果块 40~50g | |

## 宝宝蛋黄参考量

4 个月： 1/4 个蛋黄
5 ~ 6 个月：1/3 个蛋黄
7 ~ 8 个月：1/2 个蛋黄
8 个月以上：1 个蛋黄

## 调料选择有讲究

1 岁以内的宝宝的饮食以清淡、原色、原味为主

食物中自有的盐分或糖分已经完全能满足宝宝的需要，不用再额外添加；可以在辅食中加入少许植物油，全蛋则要在 1 岁以后添加。

1 岁以后可以少量添加的
盐、糖、酱油、蜂蜜、醋。

3 岁内不宜添加的
味精、鸡精、料酒、综合调味料、市售固体高汤，以及刺激性较大的调料，如芥末、辣椒等。

准备制作辅食的工具：

制作宝宝的辅食和爸爸妈妈的食物有很大的区别，尤其是制作宝宝断奶期前的辅食，更是需要一些工具的帮助才能完成。这样做出来的辅食细腻、滑润，符合辅食的形状特点，而且爸爸妈妈在制作的时候也会轻松、省事很多，一起来看看吧！

**量杯：** 由于宝宝还不会说话，不能很好地表达自己的意愿，爸爸妈妈喂食的时候可以先参考专家建议的每个阶段喂食的分量添加辅食，然后根据宝宝的表现进行适量调整。待掌握了宝宝每次的进食量，用量杯就能准确地给宝宝准备食物了。

**漏勺：** 处于吞咽期和舌咀嚼期的宝宝食道还很窄，不能够吃有小渣渣的食物，因此就需要用漏勺将汤汁中的残渣滤净。在做泥状辅食的时候，还可以把食物煮熟煮软后放在漏勺上，用勺子按压筛成细蓉。

**手动榨汁机：** 是制作水果原汁的好工具。例如制作橙汁，将橙子对半剖开后，把半个橙子在榨汁器上旋转数圈就可以了。不过一定记得，喂食过小的宝宝前要用漏勺滤净果渣。

**电动榨汁机：** 蔬菜、水果都可以放在里面搅拌成泥、糊。建议选择带有特细过滤网的搅拌机，可以很好地隔离残渣和泡沫。

## 吸盘碗：

这种碗的底部带有一个吸盘，在宝宝吃饭的时候，能够把碗固定在餐桌上，很好地避免了宝宝打翻饭碗的问题。吸盘碗的把手设计也迎合了宝宝身体发育的特点，很容易让宝宝抓住，特别适合正在学习自己吃饭的宝宝使用。

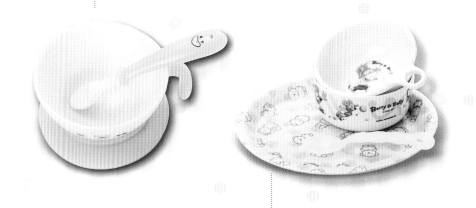

## 准备一套儿童餐具：

宝宝使用的餐具尽量选择颜色较浅、形状简单而且花色较少的，这样很容易发现残留的污垢，便于清洗和消毒。材质最好选择耐高温、无毒、不宜碎的。

## 宝宝的第一个勺子——硅胶勺：

硅胶勺是为宝宝进食特意设计的，勺头以硅胶为原料，无毒无味、耐高温，而且其柔软的质地不会伤害到宝宝的口腔。需要妈妈喂食的宝宝和刚开始学习自己吃饭的宝宝都可以使用。

3 岁起，妈妈就可以开始训练宝宝使用筷子，在刚开始的时候，最好为宝宝准备一套儿童启蒙筷子。启蒙筷子比正常筷子多设计了食指、中指和拇指的指环，可以很轻松地培养宝宝拿筷子的正确姿势。为了更容易夹取食物，启蒙筷子的前端较正常筷子略宽一些，能够很好地培养宝宝的自信心。宝宝都喜欢被妈妈夸奖，让宝宝自己夹取不喜欢吃的食物，然后表扬他，还可以改善宝宝的偏食习惯哦！

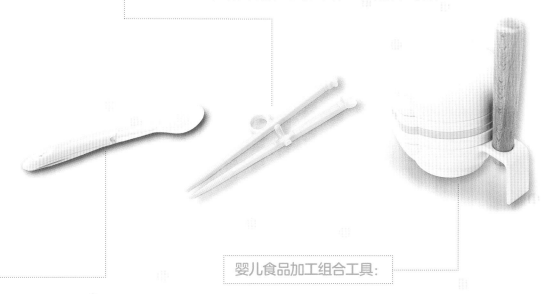

## 婴儿食品加工组合工具：

包含了制作辅食时所需的全部工具，制作起来很轻松，很省事。容器的大小正好符合宝宝进食量小的特点，有效地避免了浪费。

在制作泥状和糊状辅食的过程中，利用工具可以使辅食的制作过程很轻松，但也不是一定要准备齐全所有的工具。我们不仅把会用到的工具列在这里，同时在"3 个月——体验鲜果生活"章节的菜谱中也介绍了用不同工具做泥状辅食和糊状辅食的不同做法，以方便爸爸妈妈根据自家的情况和需要来准备制作辅食的工具。

## 专用的案板和刀具：

制作辅食的大部分用具其实厨房里面已经都有了，但给宝宝准备一套专用的案板和刀具还是十分有必要的，这样对防止食物被污染非常有效。

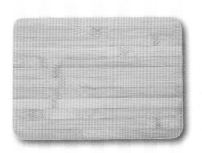

## 消毒工作不能少：

在制作辅食前后都要把所用的工具、餐具进行清洗和消毒，最常见的消毒方式是用开水烫，有条件的家庭可以选择消毒柜等消毒设备。除了消毒用具外，在制作辅食前，千万不要忘了把双手也洗干净。

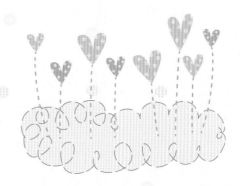

# 第二章

## 3个月
## 体验鲜果生活

# 3个月 体验鲜果生活

在宝宝3个月的时候，如果纯母乳喂养且没有营养素缺乏症状，可不加任何辅食；人工喂养和混合喂养的宝宝可酌情添加一点点果蔬汁了。由于维生素C不能在体内大量存储，若不持续供给，容易出现缺乏症状。牛奶及其制品维生素C含量不高，人乳维生素C含量虽较高，但与母乳摄入量有关，也容易不足。所以，宝宝自3个月起可酌情添加适量果汁和菜汁。把新鲜的柑橘、番茄、山楂等富含维生素C及矿物质的水果和蔬菜榨成汁，加水稀释后，每日喂1~2次，每次从10ml开始。

宝宝3个月后唾液腺逐渐发育完全，唾液量显著增加，而且富含淀粉酶。给宝宝添加谷物辅食的时间应从第4个月开始，此时乳类已经不能满足宝宝的成长需要，要搭配辅食来供给宝宝更全面的营养。所以，在3个月的时候，妈妈和宝宝就要为添加谷物辅食做准备了！

妈妈要做的准备有：了解辅食添加的顺序和种类、辅食的稀稠或粗细，如何分辨宝宝易过敏的食物，以及在这个阶段辅食和母乳应该如何搭配，等等，当然还要给宝宝喝点果蔬汁尝尝甜头。

至于宝宝的准备呢，只要按时按顺序吃掉妈妈准备好的美食，让小小的肠道为慢慢接受人间烟火做好准备就OK啦！

听起来是不是有一点复杂，不用紧张，按照书上的内容慢慢来，就可以让宝宝吃得更科学、更健康！

### 从蔬菜汁到水果汁

3 个月的宝宝只可以喝一点点果蔬汁，而且不能是市场上出售的合成饮料，要用专门的婴儿饮品，最好是自己鲜榨的果汁。可别小看了怀里的这个小奶孩儿，嘴巴可刁着呢，要是一开始就喂给他甜甜的果汁，以后再想让他喝下有营养的菜汁可就难了。以原汁和温水为 1∶2 的比例对给宝宝喝，从淡淡的蔬菜汁过渡到有丝丝甜味的水果汁，可以培养宝宝不喜甜的饮食习惯，还能避免过多糖分给宝宝的肾脏带来负担，喂完后要记得给宝宝喝些清水，有利口腔清洁，减少龋齿发生的概率。

### 从一种到多种，从少量至多量

无论是喝这个阶段的果蔬汁，还是下一时期里的其他辅食，宝宝每接触一种新的食物，一定要从少量并且单一品种开始。待宝宝进食 7~10 天后，如果排便正常，而且没有出现腹泻、呕吐、皮肤出疹子或潮红等反应，证明宝宝可以接受这种食物，妈妈才可以逐渐把分量增加一些。待宝宝接受的食物品种越来越多，妈妈便可以根据宝宝的口味偏好，排列组合出各种混搭辅食。

### 辅食过敏应对

在宝宝 2 岁之前，每添加一种新的辅食都要遵循少量、单一品种添加和持续观察几天的原则。一旦出现了过敏的症状，就要立即停止食用。若是轻微过敏的话，可以在 1 个月之后少量地尝试再次喂给宝宝这种食物，因为随着宝宝的成长发育，身体有可能会接受这种食物。若是过敏现象严重，则需要去医院就诊，并且以后也要尽量避免让宝宝吃这种食物。还有一些易过敏的食物，如海鲜、蛋清、芒果、菠萝、腰果、花生、黄豆等，最好等宝宝长大些再添加，当然也包括有家族过敏史的食物。

### 果蔬汁每次喝多少？什么时候喝？

在宝宝最初接触一种果蔬汁的时候，建议每天喂 1~2 次，每次 10ml，待宝宝接受这种食物后，渐渐增加至 30~60ml，6~7 个月后可增加到 120~150ml。当然，每个宝宝的身体情况都不相同，喝的量少也不用强迫，换一种食材试试就可以了。由于果汁大多属酸性，容易把奶中的蛋白质变成凝块状，极不利于消化和吸收。果汁的饮用要注意与喂奶间隔一段时间，一般应在喝奶前后 1 个小时为宜。

初食新鲜味道
# 黄瓜汁

3 个月 / 体验鲜果生活

参考月龄：3个月以上的宝宝

喂养阶段：吞咽期

🔪 5分钟

🕐 5分钟

🍽 简单

⚛ 钾、维生素 C

🥄 直接分享

## 材料

黄瓜－－－－－－－150g

## 制作步骤

① 黄瓜洗净后削皮。

② 把孔状的研磨板、过滤网和研磨碗按从上至下的顺序摆好，把黄瓜竖在研磨板上反复摩擦。

③ 待黄瓜磨完后，用勺子按压过滤网中的黄瓜泥，让黄瓜汁充分流入下面的小碗中。将黄瓜原汁用 2~3 倍的温水稀释，倒在奶瓶里按量喂给宝宝喝就可以了。

Tips

1. 黄瓜汁是一种不含糖分的蔬菜汁，非常适合初尝人间烟火的宝宝食用。因为宝宝的味觉非常敏感，过早进食很甜的食物会破坏宝宝的味蕾，并且加重肝、肾的负担，无糖的黄瓜汁是这个阶段的首选。

2. 黄瓜汁性凉，适合夏季饮用，并且对湿疹症状有一定缓解作用。

3. 在这个阶段，可以先给宝宝提供少量的辅食，重复喝 3 天左右没有过敏现象，再改成其他果汁或者蔬菜汁。这样用单一的食材给宝宝准备食物，更容易发现过敏原。

4. 对于不爱喝白水的宝宝，妈妈可以用黄瓜汁代替白水试一试，没准会有惊喜哦。

小小嫩嫩
**油菜汁**

3 个月 / 体验鲜果生活

参考月龄：3 个月以上的宝宝

喂养阶段：吞咽期

5 分钟（ 不含浸泡时间 ）

10 分钟

简单

钙 、 钾 、 钠 、 磷 、 维生素 C

直接分享

## 材料

油菜叶 -----100g

## 制作步骤

将择好的油菜叶用流动水冲洗干净，放在淡盐水中浸泡 30 分钟，再反复冲洗干净沥干水分。

把油菜叶切成小碎段，放入沸水中，小火煮 10 分钟，菜和水的比例为 1 ：2。

用滤网将菜渣滤出，待油菜汁凉温后喂食宝宝。

Tips

1. 油菜的营养价值很高，其中钙、磷、钾等矿物质含量丰富，是宝宝成长的首选蔬菜。
2. 给宝宝喂食油菜汁有利于宝宝身体的发育和肌肤的水嫩，特别是能帮助上皮组织发育。
3. 如果残渣用滤网一次滤不干净的话，也可以用一块烫煮消毒过的棉布过滤。
4. 先把油菜放在淡盐水中浸泡 30 分钟，可以有效地去除油菜表面残留的农药。

来口大力水手的最爱
**菠菜汁**

**参考月龄：3 个月以上的宝宝**

**喂养阶段：吞咽期**

## 材料

菠菜叶 ----- 50g

## 制作步骤

1. 把菠菜叶放在淡盐水中浸泡 30 分钟。
2. 浸泡好的菠菜叶用清水冲洗干净，然后放入沸水中充分煮软，并切成碎末。
3. 把菠菜末放入榨汁机中，加入 2 倍量的温水，慢速搅拌均匀，最后用滤网把菜渣过滤即可。

🔪 5 分钟（不含浸泡时间）

🕐 10 分钟

🍽 简单

❀ 胡萝卜素、钙、钾、维生素 C

🍲 直接分享

Tips

1. 用淡盐水浸泡菠菜叶，是为了去除菜叶上残余的农药。

2. 菠菜叶中含有大量草酸，用沸水焯一下可以将大部分草酸去除。

3. 妈妈第一次最好只给宝宝 1 小匙或者更少菠菜汁，待宝宝适应了再逐渐添加菜汁的量。

好丰富的营养
**番茄汁**

## 材料

番茄－－－－－－ 50g

## 制作步骤

1. 将番茄洗净，用小刀在其顶部划下一个交叉十字。
2. 锅中烧热水，用叉子叉起番茄放入水中，烫至番茄皮自然脱落后取出。
3. 用手撕掉残留的番茄皮，用小刀挖去蒂部，切成小块。
4. 把番茄小块放入榨汁机中，搅拌均匀后滤去残渣，放蒸锅中蒸煮5~8分钟即可。

**参考月龄：3 个月以上的宝宝**

**喂养阶段：吞咽期**

🔪 5 分钟

🕐 15 分钟

🍽 简单

✿ 胡萝卜素、番茄红素、钾、维生素 C

🍴 直接分享

Tips

1. 添加菜汁的时间最好选在两次喂奶中间，每次进食 30~50ml 为宜。
2. 番茄中除了含有膳食纤维，还含有番茄红素、糖、各种维生素以及有机酸和酶等营养成分，其维生素 C 的含量是苹果的 3~4 倍。番茄经过加热后，其中的番茄红素很容易让宝宝吸收。

经典的混搭组合
# 胡萝卜苹果汁

参考月龄：3 个月以上的宝宝

喂养阶段：吞咽期

## 材料

苹果－－－－－－ 50g

胡萝卜 －－－－－100g

## 制作步骤

1. 胡萝卜洗净，削皮切块，与 2 倍量的温水一同放入榨汁机中，榨成汁搅拌均匀。过滤后把胡萝卜汁用蒸锅加热 5 分钟蒸熟备用。

2. 苹果洗净，对半剖开，削掉苹果核并把果肉切成小块。把苹果块放入榨汁机中，对入 2 倍量的温水，榨成汁慢速搅拌均匀。用滤网把残渣滤掉做成苹果汁。

3. 把苹果汁和胡萝卜汁混合，即可给宝宝食用。

10 分钟

3 分钟

简单

胡萝卜素、氨基酸、尼克酸、钾、B 族维生素

直接分享

Tips

1. 苹果汁做成后应第一时间让宝宝尽快喝掉，否则里面的有效成分在空气中被氧化，营养就会有所流失。

2. 苹果中含有 17 种氨基酸。在早饭前宝宝喝上这样一杯果汁，便秘状况会有很好的改善。

3. 虽然添加了胡萝卜，但只能尝出苹果的清香，而且比苹果汁要甜，宝宝一定会很喜欢。

宝宝更健康，妈妈更漂亮
**鲜橙胡萝卜汁**

**参考月龄：3 个月以上的宝宝**

**喂养阶段：吞咽期**

## 材料

胡萝卜 -----100g

鲜橙------- 50g

## 制作步骤

1. 胡萝卜洗净，削皮切块，与 2 倍量的温水一同放入榨汁机中，榨成汁搅拌均匀。过滤后把胡萝卜汁用蒸锅加热 5 分钟蒸熟备用。

2. 把鲜橙在手动榨汁器中旋转数分钟，流出的汁水过滤后放在小碗中。

3. 把鲜橙汁和胡萝卜汁混合即可。

10 分钟

10 分钟

简单

胡萝卜素、尼克酸、钾、B 族维生素、维生素 C

直接分享

Tips

1. 两种果蔬汁可以分别存放，喝的时候混合在一起，观察宝宝更喜欢哪种滋味，就适量多添加一点，待掌握了宝宝喜爱的口味配比后，再将两种材料混合在一起制作。

2. 鲜橙胡萝卜汁有美白和祛斑的作用，妈妈也可以喝。

3. 胡萝卜汁蒸熟后更适合 3 个月宝宝的体质。用蒸锅加热虽然麻烦，但是比微波炉加热更健康，更容易保留食物中的营养物质。

给点甜头尝尝
橘子汁

3 个月 / 体验鲜果生活

🔪 3 分钟

🕐 3 分钟

🍲 简单

❀ 尼克酸、钾、维生素 C

🍽 直接分享

## 材料

橘子------ 50g

## 制作步骤

将橘子的外皮洗净，对半剖开。

把半个橘子放在消毒过的手动榨汁器上旋转几下，让汁液流出。

将流入槽内的果汁用滤网过滤掉果渣。喝的时候，兑上 2 倍量的温水即可。

Tips

1. 如果果渣一次滤不彻底，可进行第二次过滤。

2. 天气冷的时候，要适当加热之后再喂食宝宝。

3. 最好在两餐之间喂给宝宝吃，这样可以避免果酸与乳类反应，不利于消化吸收。

4. 使用手动榨汁器可以把橘子原汁榨出来，而且不会有橘子筋络夹杂在果汁中。

宝宝的最爱
西瓜汁

🔪 5 分钟

🕐 10 分钟

🍲 简单

⚛ 胡萝卜素、钾、维生素 A

🍳 直接分享

## 材料

西瓜------- 50g

参考月龄：3 个月以上的宝宝
喂养阶段：吞咽期

## 制作步骤

1. 西瓜瓤去籽，切成小块。

2. 把西瓜瓤放在碗中，用勺子捣烂，
再用滤网过滤掉残渣。

3. 喝的时候对上 2 倍量的温水即可。

Tips

1. 西瓜汁含有丰富的维生素 A，并含
有多种氨基酸、钾、磷、镁等成分，
具有清热利尿的作用，特别适合宝
宝在夏季饮用。

2. 西瓜不要冰镇，以防西瓜汁过凉伤
到宝宝的肠胃。

果味儿维 C
**猕猴桃汁**

🔪 3 分钟

🕐 5 分钟

🍽 简单

✿ 胡萝卜素、尼克酸、钾、维生素 A、B 族维生素、维生素 C

🥄 直接分享

## 材料

猕猴桃 ----- 50g

## 制作步骤

1. 挑选质地较软的猕猴桃。

2. 去皮后切成小块放入榨汁机，榨成汁搅拌均匀，再用滤网过滤掉残渣即可。

3. 喝的时候对上 2 倍量的温水即可。

Tips

1. 猕猴桃中的维生素 A、维生素 C 及微量元素的含量十分丰富。

2. 在添加猕猴桃汁时一定要从少量开始，观察宝宝是否有过敏反应。

3. 猕猴桃一定要避免和牛奶同食，以免宝宝出现腹胀、腹泻等现象。

🔪 10 分钟

🕐 20 分钟

🍲 简单

⚛ 尼克酸、钾、钙、维生素 C、B 族维生素

🍽 直接分享

**参考月龄：3 个月以上的宝宝**

**喂养阶段：吞咽期**

## 材料

新鲜山楂 ----150g

## 制作步骤

1. 把山楂洗净对半剖开，并去掉山楂籽。

2. 锅内倒入 2 倍量的水，把山楂放入锅中，煮至山楂软烂。

3. 用榨汁机把煮好的山楂水搅拌均匀后，用滤网把山楂水中的果渣滤出即可。

Tips

1. 山楂中含有丰富的维生素 C，并且有健胃消食的作用，如果山楂过酸，可对入适量温开水，不宜给这个阶段的宝宝喂食白砂糖。

2. 最好在饭前半个小时左右喂食，这样可增加宝宝的食欲。

止咳润肺好帮手
# 梨汁

 3 分钟

 10 分钟

 简单

 钙、钾、钠、磷、维生素 C

直接分享

**参考月龄：3 个月以上的宝宝**

**喂养阶段：吞咽期**

## 材料

梨 --------100g

## 制作步骤

1. 把梨洗净、去皮，切成小块。

2. 锅中倒入与梨同等分量的水，把梨块放入，煮制 5 分钟。

3. 用榨汁机把煮好的梨水榨成汁，搅拌均匀后，用滤网滤掉梨水中的果渣即可。

Tips

1. 梨属性偏寒，不要给宝宝喝得太多，每天一次或两次就可以了。

2. 喝的时候要把梨汁煮沸，再凉至适合宝宝食用的温度。

3. 梨汁中已有甜味，就不用再加糖了。

# 第三章

## 4~6个月
## 咂摸人间滋味

# 4~6个月 哂摸人间滋味

由于每个宝宝的喂养方式不同（指奶粉、母乳或两者混合），添加辅食的时间也大可不必统一。4个月宝宝的淀粉酶等消化酶分泌较少且活性较低，原则上，添加谷物辅食的时间最好不要早于4个月，也不要晚于6个月。过早添加辅食，宝宝会因消化功能尚欠成熟而出现呕吐和腹泻，消化功能发生紊乱；而过晚添加则会造成宝宝营养不良，甚至宝宝会因此拒吃非乳类的流质食品。至于具体何时给你的宝宝添加辅食，月龄只是给妈妈提供的参考，宝宝的身体成长表现才是决定添加辅食的重要因素。

## 宝宝需要添加辅食的表现

1. 宝宝每天都喝1000ml以上的母乳或奶粉。
2. 宝宝老流口水，唾液分泌增多。
3. 爱咬妈妈的乳头或奶嘴。
4. 看到大人在吃东西，宝宝的小嘴开始不自觉地吧嗒。

## 第一口辅食是谷物，并非蛋黄

以前，大多数妈妈都会把鸡蛋黄煮熟碾碎，用奶或白开水调成蛋黄糊糊来作为宝宝的第一口辅食，因为蛋黄里面含有大量的铁元素，与米粥、烂面条等辅食相比营养更加全面。但最新的研究表明，这个阶段的宝宝消化系统还没有发育完全，蛋黄中的铁并不容易被宝宝吸收，而且过早添加反而会引起部分宝宝的过敏反应。一般应先喂大米制品，因其比小麦制品（如面粉）更少引起婴儿过敏。谷类食物是宝宝很容易接受的，所以专家建议从米糊、米粉开始给宝宝添加辅食。

### 第一口辅食吃多少

第一口辅食一定要少量，只一口或者两口的量就足够了，待观察没有不良反应之后，第二天再喂同样的量，每天一次，持续 3~5 天。如果宝宝没有任何不适的症状，则可以增加米粉的量。

### 辅食的添加顺序

辅食添加的顺序，是让宝宝的肠道循序渐进接受、适应的过程，从蔬菜汁和水果汁开始，然后按照谷物、蛋黄、肉、鱼的顺序添加，才能真正做到营养全面，让宝宝的消化系统完全适应。

### 4~6 个月，不能让辅食代替乳类

宝宝在这段月龄，乳类还是其获取营养的主要来源，其他辅食只能作为补充食品。不要因为想让宝宝吃到更多、更全面的食品，而在这个时期减少宝宝乳类食品的摄入，这样做可能会引起物极必反的后果。

### 吃糊质或泥状辅食的时间不宜过长

宝宝在刚开始添加辅食的时候，牙齿还没有长出来，这个阶段糊状或泥状的食物非常适合他们。这样的辅食吃到小牙萌出的时候就要停止了，变成略有粗糙感的辅食。如果长时间给宝宝吃糊状、泥状的食品，会错过宝宝发展咀嚼能力的关键期，而且肠胃消化系统也会因长时间接受泥状食物而影响发育。

### 培养愉快的进食心理

营养的摄取是妈妈们很关注的问题，但同时宝宝进食的愉快心理也是不容忽视的。在给宝宝喂辅食的时候，要为宝宝营造一个快乐和谐的进食气氛，挑选宝宝心情愉快的时候，一边喂一边和宝宝说话，让宝宝快乐地尝试新鲜滋味。如果宝宝不愿吃，也不要强迫宝宝进食，可以过一段时间再尝试。专家研究表明，同一种食物尝试 15 次宝宝均不接受的话，则表示宝宝实在不喜欢这种食物，所以妈妈们一定要有耐心。

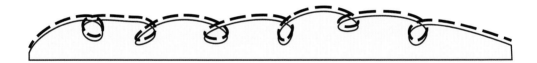

# 苹果泥

🔪 2 分钟

🕐 2 分钟

🍲 简单

⚛ 胡萝卜素、钙、磷、铁、B 族维生素

📋 直接分享

**参考月龄：4 个月以上的宝宝**

**喂养阶段：吞咽期**

## 材料

苹果 ------- 20g

## 制作步骤

1. 把新鲜苹果洗净，削皮。
2. 用不锈钢勺轻刮果肉，把刮出的苹果泥喂给宝宝吃就可以了。

Tips

1. 果泥要现吃现做，这样食物不会受到污染，营养成分也能最大限度地保留。

2. 苹果含有多种维生素和丰富的矿物质，可以健脾胃、补气血，对缺铁性贫血有较好的作用。

3. 苹果泥好吃但也不要吃得太多，否则容易造成消化不良和膳食不平衡。

妈妈，我还要
# 香蕉泥

| | |
|---|---|
| 🔪 | 2 分钟 |
| 🕐 | 3 分钟 |
| 🍽 | 简单 |
| ⚛ | 胡萝卜素、钾、维生素 C |
| 🍲 | 直接分享 |

**参考月龄：4 个月以上的宝宝**

**喂养阶段：吞咽期**

## 材料

香蕉------- 20g

## 制作步骤

1. 香蕉去皮。
2. 用勺子将香蕉碾压成泥状，即可直接喂食宝宝。

Tips

1. 香蕉有"热带水果之王"的美称，色泽金黄、口感香甜。
2. 香蕉富含碳水化合物、淀粉、多种维生素、矿物质，其中还含有水溶性纤维，能促进肠道蠕动与排便。

妈妈也来一口吧，会变美哦

# 木瓜果泥

- ✏️ 3 分钟
- 🕐 3 分钟
- 🍽️ 简单
- ⚛️ 胡萝卜素、钠、维生素 C
- 🍽️ 直接分享

**参考月龄：4 个月以上的宝宝**

**喂养阶段：吞咽期**

## 材料

木瓜------- 20g

## 制作步骤

1. 把木瓜洗净，去皮、去籽，切成小块。
2. 用小勺轻刮果肉，把刮出的果泥直接喂给宝宝吃就可以。

Tips

1. 除了木瓜之外，新鲜的苹果、梨、香蕉、草莓等水果都可以做成果泥给宝宝吃。

2. 在挑选时，要注意选择口感较软的水果，这样容易刮出果泥，软软的口感也方便宝宝吞咽。

3. 木瓜本身有糖分，所以就不用再加糖了。

🔪 5 分钟

🕐 10 分钟

🍽 简单

⚛ 钾、维生素 A、维生素 C

🥣 直接分享

## 材料

哈密瓜 ----- 10g

香瓜 ------- 10g

香蕉 ------- 50g

**参考月龄：4 个月以上的宝宝**

**喂养阶段：吞咽期**

## 制作步骤

1. 哈密瓜和香瓜洗净后，去皮、去籽，切成小块，放入搅拌机内搅拌成泥状。

2. 香蕉去皮后，放在小碗里用勺子碾压成泥状，与搅拌好的果泥混合拌匀即可。

## Tips

1. 香蕉碾压成泥状后很快会氧化变色，最好现吃现做。

2. 还可以换其他宝宝喜欢的水果泥，让口味更加丰富。

与泥泥的亲密接触
# 西蓝花泥

参考月龄：**4 个月以上的宝宝**

喂养阶段：**吞咽期**

✎ 5 分钟（不含浸泡时间）

🕐 15 分钟

🍽 简单

⚛ 叶酸、钾、铁、B 族维生素、维生素 C

🍲 直接分享

## 材料

西蓝花 -----200g

## 制作步骤

1. 将西蓝花在淡盐水中浸泡 30 分钟，然后洗净、削去茎部，并择成小朵。

2. 将择好的西蓝花隔水蒸 10 分钟。

3. 把蒸熟的小朵西蓝花放进搅拌机中，加一点水搅拌成泥，即可喂食宝宝。

### Tips

1. 做西蓝花泥尽量不要用茎，只选新鲜的小朵就可以了。

2. 用蒸的方法是为了更好地保留蔬菜中的营养。

3. 搅拌的时候需要加一点水，用蒸菜的水效果更好。

平凡的香甜味道
# 玉米南瓜泥

**参考月龄：4 个月以上的宝宝**

**喂养阶段：吞咽期**

5 分钟

15 分钟

简单

胡萝卜素、钙、钾、磷、钴、铁

直接分享

## 材料

金丝南瓜 ---- 15g

甜玉米粒 ---- 15g

## 制作步骤

1. 甜玉米粒洗净，倒入适量水煮 5 分钟，将玉米粒连同煮玉米的水一起用搅拌机打碎成汁后备用。

2. 南瓜去皮、去籽，洗净切块后，上锅蒸到软烂，与玉米汁搅拌均匀即可。

Tips

1. 妈妈在挑选南瓜的时候注意，如果外皮呈橙红色，颜色比较深，有些粗糙，就是味道更甜美的南瓜。

2. 南瓜含有丰富的蛋白质及微量元素，可以促进造血功能和骨骼的生长发育，还能促进新陈代谢。

金黄小太阳
**玉米泥**

🔪 5 分钟

🕐 20 分钟

🍲 中等

⚛ 钾、磷、维生素 C

🍽 直接分享

**参考月龄：4 个月以上的宝宝**

**喂养阶段：吞咽期**

## 材料

甜玉米－－－－ 半根（约 400 克）

## 制作步骤

1. 甜玉米洗净后煮熟，用手剥下玉米粒。

2. 将玉米粒放入搅拌机中，同时再对入 3 倍量煮玉米的水，匀速搅拌成泥状。

3. 把玉米泥倒在小碗里，再放到上气的蒸锅上蒸 5 分钟即可。

Tips

1. 尽量挑选鲜嫩、水分多的甜玉米，这样的玉米粒外皮较软，容易打成细末，便于宝宝吸收。

2. 如果玉米泥做得比较多，宝宝一次吃不完，可以放在冰箱里储存两天。

3. 搅拌玉米粒的时间尽量长一点，这样做出来的玉米泥口感更细腻。

# 双色蛋黄泥

🔪 5 分钟

🕐 10 分钟

🍽 简单

⚛ DHA、卵磷脂、维生素 B₂等

🍲 直接分享

**参考月龄：4 个月以上的宝宝**

**喂养阶段：吞咽期**

## 材料

熟蛋黄 ----1/4 个

菠菜汁 -----10ml

## 制作步骤

1. 将鸡蛋煮熟，剥去鸡蛋外壳后去掉蛋清，只留蛋黄。

2. 在熟蛋黄中加入少量温水或温牛奶，碾压成黄色蛋黄泥。

3. 也可以加入少许菠菜汁，就成了好看的绿色蛋黄泥。

## Tips

1. 这道泥泥软烂适口，营养丰富，可以满足宝宝对铁质的需要。

2. 第一次给宝宝喂食蛋黄泥，大小以 1/4 个蛋黄为宜，观察宝宝没有过敏反应后，随着宝宝月龄的增加，再逐渐增加至 1/2 个及 1 个。

3. 蛋黄糊的稠度基本与牛奶保持一致即可。

4. 待宝宝接受蛋黄后，再将宝宝喜欢的蔬菜汁对在蛋黄泥中。味道更好，营养也更全面。

豌豆公主驾到
# 豌豆泥

4~6 个月 / 咂摸人间滋味

5 分钟 ( 不含浸泡时间 )

20 分钟

中等

钾、磷、维生素 C

直接分享

## 材料

豌豆 - - - - - - 50g

## 制作步骤

把新鲜豌豆整个放在淡盐水中浸泡 30 分钟，然后择去老筋，把豌豆一粒一粒剥好备用。

待锅中的水沸腾后，把剥好的豌豆倒入焯软，然后捞出沥水。

耐心地用手把每颗豌豆表面的薄皮剥下来，把去除薄皮的豌豆粒放在小碗中碾成泥状即可。

Tips

1. 豌豆中含有均衡的营养素，尤其是磷的含量非常丰富，对宝宝骨骼和牙齿的发育很有好处。

2. 一定要剥去豌豆粒外层的薄皮，因为这层薄皮不容易碾碎捣烂，容易给宝宝的吞咽造成困难。

15 分钟

15 分钟

中等

胡萝卜素、铁、钙、钾

直接分享

## 材料

菠菜------- 20g

土豆------- 20g

蛋黄------1/3 个

## 制作步骤

1. 土豆洗净，去皮，切成厚片，用大火蒸熟后，放入碗中压成土豆泥。

2. 鸡蛋煮熟，把蛋黄用勺子碾压成粉末状。

3. 菠菜洗净后，放入沸水中焯一下，再用搅拌机打成泥状。

4. 将土豆泥和菠菜泥放入碗中，碗口用保鲜膜密封，隔水蒸10分钟。蒸好后，放入鸡蛋黄粉末，搅拌均匀即可。

Tips

1. 如果一次吃不完，可以装在保鲜盒中，放在冰箱的冷冻室中保存，吃的时候再次蒸透即可。

2. 还可以把菠菜换成宝宝爱吃的其他蔬菜，以保证宝宝摄入充足全面的营养。

# 自制米糊

🖊 5 分钟（不含浸泡时间）

🕐 20 分钟

🍽 中等

⚛ 蛋白质、尼克酸、钾、磷、铁

🥣 直接分享

**参考月龄：4 个月以上的宝宝**

**喂养阶段：吞咽期**

## 材料

大米 ------- 50g

## 制作步骤

1. 大米洗净后，用温水浸泡两个小时。

2. 把泡好的大米连同 3 倍量的水一起倒入搅拌机中，打成糊状。

3. 把米糊倒入小锅中，小火慢慢加热，其间要不断用勺子搅动米糊。

4. 待米糊沸腾后，再持续煮 2 分钟就可以了。

Tips

1. 自制的米糊安全、健康，是众多妈妈的首选。由于是自家手工制作的，比不上工业制作的精细，让搅拌机工作的时间尽量长一些，时间越长米糊越细腻。

2. 煮的时候要不停搅拌米糊，否则米浆会沉入锅底，形成厚厚的米块。

3. 在宝宝接受米糊之后，可以适量地往米糊中添加胡萝卜汁等果蔬汁，给宝宝变换口味。

**我最百搭**

**10 倍烂米粥**

✎ 5 分钟（不含浸泡时间）

⏲ 20 分钟

◠ 简单

✿ 蛋白质、钾、磷

🍽 直接分享

**参考月龄：4 个月以上的宝宝**

**喂养阶段：吞咽期**

**材料**

大米 ------- 1 份

水 ------- 10 份

**制作步骤**

1. 把大米洗净后，在水里浸泡 1 个小时。

2. 以 1 份大米对 10 份水的比例，放入锅中用大火煮开。

3. 沸腾后转为小火，煮至米粒软烂。

4. 关火，盖上盖子闷 10 分钟左右。

5. 最后，用勺子背将米粒捣碎即可。

Tips

1. 大米粥中含有蛋白质、碳水化合物、微量元素等营养物质，4~6 个月的宝宝身体内 消化酶的分泌能力还未发育完全，稀粥或米汤是这个 阶段宝宝的首选。10 倍稠的米粥浓稠度最适合这个阶段的宝宝，利于宝宝消化。

2. 这种粥用处很大，可与谷类、蔬菜或肉类自由搭配。

大自然的解暑良方
## 绿豆汤

🔪 3 分钟

🕐 15 分钟

🍲 简单

⚛ 铁、磷、钙

🍽 直接分享

**参考月龄：4 个月以上的宝宝**

**喂养阶段：吞咽期**

## 材料

绿豆－－－－－－－ 50g

## 制作步骤

1. 把绿豆用流动水仔细冲洗干净。

2. 锅中放入适量水，把绿豆放入，水量以
   高过绿豆表面 3cm 左右为宜。

3. 盖上锅盖，大火加热至沸腾后转小火，
   再煮制 8~10 分钟就可以了。只取汤汁
   部分，凉温后喂给宝宝。

## Tips

1. 绿豆性寒味甘，能清凉解
   毒，清热解烦，对脾气暴
   躁、心烦意乱的宝宝最为
   适宜，尤其适宜夏季饮用。

2. 刚开始食用绿豆汤时，先
   少量喂给宝宝，观察有无
   腹泻发生，如果没有，则
   可以放心给宝宝饮用。

百变蛋黄
## 高汤蛋黄羹

🔪 3 分钟

🕐 15 分钟

🍽 简单

❋ 蛋白质、卵磷脂、铁、钙、钾

🍳 直接分享

**参考月龄：4 个月以上的宝宝**

**喂养阶段：吞咽期**

## 材料

蛋黄------1/3 个

高汤-------50ml

## 制作步骤

1. 高汤过滤残渣后兑入生蛋黄中，充分搅拌成稀糊状。

2. 放在上气的蒸锅中，隔水蒸 8~10 分钟即可。

Tips

1. 最好把高汤用滤网反复过滤，保证高汤清澈，没有残渣。

2. 蛋黄含有丰富的营养，是宝宝大脑发育必不可少的营养食品。但是蛋白却容易让肠胃没有发育完全的宝宝过敏，建议等宝宝 1 岁之后再吃全蛋。

🍴🥚🥄 60 / 61

土豆泥的华丽变身
# 鸡汁土豆泥

**参考月龄：4 个月以上的宝宝**

**喂养阶段：吞咽期**

## 材料

土豆 - - - - - - - 30g

鸡汤 - - - - - - - 50ml

## 制作步骤

1. 土豆去皮，切成小块，放入蒸锅蒸软烂后碾压成土豆泥。

2. 把鸡汤加热后倒入土豆泥中，充分搅拌均匀即可。

5 分钟

15 分钟

简单

蛋白质、钾、磷

直接分享

Tips

1. 土豆一定要仔细碾压成细砂状。可以将蒸煮的土豆块放在保鲜袋中封好，然后用擀面杖将土豆碾压成泥。

2. 鸡汤最好反复过滤至清澈，以免让宝宝吃到鸡汤中的细小渣末。

3. 这个阶段的宝宝不宜摄入过多的盐分，如果鸡汤中已有咸味，可加入适量开水稀释。

# 第四章

## 7~8个月
## 露出小小嫩"牙"

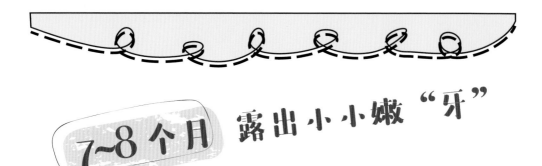

# 7~8个月 露出小小嫩"牙"

在 7~ 8 月这个阶段，多数宝宝的小牙慢慢地顶出来了，食物也可以从泥状、糊状向质地软一点的固体过渡，比如，菜末面片汤、烂面条、麦片粥等，来锻炼宝宝舌头上下活动的能力，以及用舌头和上颚碾碎食物的能力。但是绝对不能给宝宝吃小颗粒的食物，比如干果类的食物，以免发生呛咳，误吸入气道而造成宝宝窒息。孩子家长一定学会汤姆立克急救法，必要时刻可自救。

## 长牙前的表现

如果妈妈发现宝宝的唾液分泌量明显增加，爱流口水，喜欢咬硬一点的东西，哺乳时还会咬妈妈的乳头，甚至睡觉时不太安稳。那么妈妈就要注意了，这是宝宝在说：我要长牙了！

## 可以吃肉肉了

正确的辅食添加顺序和方法可以给宝宝发育提供必要、全面的营养，同时还能锻炼宝宝的咀嚼能力，能有效地促进口腔内的血液循环。需要妈妈注意的是，从宝宝开始长牙时起，辅食的粗糙程度就要从过于稀软的泥泥和糊糊慢慢向软烂质地的固体食物过渡了，已经吃过水果、蔬菜、谷物的宝宝，现在可以慢慢尝试动物性食物，比如瘦肉、蛋类（指蛋黄）及肝脏类的辅食就可以出现在宝宝的菜单中了。辅食添加的次数也可以增加为 1 天 2 次，上、下午各 1 次。

### 如何确定辅食的粗糙程度？

　　怎么确定宝宝可以接受的辅食的粗糙程度呢？妈妈可以参照味噌的稠度为宝宝准备辅食，并根据宝宝的表现来做适当的调整。如果给宝宝喂食略有粗糙感的食物后，宝宝可以顺利吞咽，并且大便里看不到大块的未消化物，则说明宝宝的肠胃可以接受这种程度的食物。在以后的日子里，随着宝宝的成长发育，食物的质地会越来越粗糙，越来越多样化，妈妈都可以用这种方法来判断宝宝的肠胃是否可以接受。

### 让宝宝自己吃饭从现在开始

　　你一定都见过妈妈拿着饭碗追着宝宝喂食的情形吧？如果不希望给宝宝喂饭成为让你苦恼的事，那就从现在开始，培养宝宝自己吃饭的习惯吧！在这个阶段，宝宝开始对自己动手进食产生兴趣，但由于手指还不够灵活，还不能顺利地将食物送进嘴巴里，妈妈可以采用半自助的方式。即在刚开始吃饭、宝宝饥饿感较强的时候，由妈妈来喂，同时给宝宝手里抓个小勺或小碗；待宝宝不饿了，可以在小碗里装一些食物，让宝宝试着自己吃，满足宝宝要自己吃饭的要求。当然，吃饭前要先把宝宝的小手洗干净。千万不要因为宝宝把身上和桌子上甚至地面上弄得乱七八糟而生气，对于宝宝来说，吃饭就是和他喜欢的食物做游戏，做游戏时的愉快心情会直接成为宝宝吃饭时的情感记忆。只要宝宝对吃饭产生了兴趣，以后宝宝自己大口吃饭的情景就会在你家的餐桌上出现了。

"薯"你最灿烂
# 薯泥

🔪 3 分钟

🕐 20 分钟

🍽 简单

⚛ 蛋白质、钙、维生素 C

🍽 直接分享

**参考月龄：7 个月以上的宝宝**

**喂养阶段：咀嚼期**

## 材料

红薯－－－－－－－ 50g

**Tips**

1. 8 个月以下的宝宝宜以少甜的饮食为主，由于红薯本身甜度较高，对少许开水是为了降低红薯泥的甜度，也是为了不让过多糖分增加宝宝肾脏的负担。

2. 红薯属粗纤维食品，对促进宝宝的排便很有好处，但是红薯很容易产生胃酸，所以每次喂食的量不宜过多。

3. 还可以把红薯换成紫薯来制作这道美食。紫薯除了具有红薯的营养成分外，还富含硒和花青素。

## 制作步骤

1. 把红薯洗净后，削去外皮切成小块，放在蒸锅上隔水蒸至软烂。

2. 将蒸好的红薯对入 1 ~ 2 大匙开水碾压成泥状，凉温后即可食用。

香甜软糯
红薯芋头泥

 20 分钟

🕐 10 分钟

🍽 简单

⚛ 钙、钾、维生素 D

🍽 直接分享

 制作步骤

1. 红薯和芋头洗净，去皮，切成大片，上锅蒸 10~20 分钟，蒸到用筷子可以轻松扎透便关火。

2. 稍微晾凉后，用勺子将红薯和芋头压成泥备用。

3. 将薯泥和芋头泥混合放入小碗中，加入奶粉，搅拌均匀即可。

**参考月龄：7 个月以上的宝宝**

**喂养阶段：咀嚼期**

 材料

红薯 ------- 20g

芋头 ------- 20g

奶粉 ------- 10g

Tips

冬天的时候，宝宝晒太阳的机会大大减少，容易引起维生素 D 的缺乏，患上感冒。红薯和芋头就是此季节很好的食材，能补充维生素 D，促进新陈代谢，还能提高免疫力。

"钾"天下
# 香蕉芋头泥

🐴

🔪 5 分钟

🕐 20 分钟

🍽 简单

⚛ 蛋白质、钙、磷、铁、钾

🍽 直接分享

## 制作步骤

1. 将香蕉去皮，切成小段，碾压成香蕉泥备用。

2. 将芋头清洗干净，去皮，放入锅中蒸透蒸熟，制成泥状，晾凉后与香蕉泥混合搅拌均匀。

3. 在拌匀的香蕉芋头泥上，再淋上宝宝喜欢的水果泥或者水果酱即可。

**参考月龄：7 个月以上的宝宝**

**喂养阶段：咀嚼期**

## 材料

香蕉 ------- 150g

芋头 ------- 60g

水果泥 ------ 5ml

Tips

1. 香蕉可以缓解便秘的症状。

2. 芋头的营养价值很高，富含蛋白质、钙、磷、铁、钾等多种微量元素，适合一家老小齐享用。

暖暖心意
## 红枣大米粥

🔪 5 分钟（不含浸泡时间）

🕐 40 分钟

🍽 简单

❋ 钙、铁、B 族维生素、维生素 C

🍴 直接分享

**制作步骤**

1. 把大米和红枣洗净，分别放在清水中浸泡 12 个小时。

2. 大米中对入 7 倍量的水，倒入锅中熬煮成 7 倍稠粥。

3. 红枣去皮、去核后，煮烂碾成枣泥，拌入煮好的 7 倍稠大米粥中即可。

**参考月龄：7 个月以上的宝宝**

**喂养阶段：咀嚼期**

## 材料

大米 ------- 20g

红枣 ------- 3 粒

Tips

1. 这个阶段的宝宝适合吃 7 倍稠粥，即米与水的比例为 1:7。

2. 枣核非常容易引起上火，所以在煮枣之前要先把枣核去掉。

加强宝宝胃动力
# 红枣小米粥

**参考月龄：** 7 个月以上的宝宝

**喂养阶段：** 咀嚼期

## 材料

小米 ------- 20g

红枣 ------ 3 粒

## 制作步骤

1. 先将红枣用温水泡发，然后去掉枣核和枣皮，取果肉切成末后碾成泥。

2. 小米淘洗后放入锅中，加 7 倍量水煮开后改小火，煮至软烂。

3. 将处理好的红枣泥放在小米粥上即可。

5 分钟（不含浸泡时间）

40 分钟

简单

钙、铁、维生素 $B_1$、维生素 $B_{12}$、维生素 C

直接分享

Tips

1. 小米富含维生素 $B_1$、维生素 $B_{12}$ 以及人体所需的各种微量元素，而且小米在种植的过程中因为自身有很强的抗病虫能力，所以农药的使用量很少，可以很大程度避免农药残留的问题。

2. 这道红枣小米粥还可以帮助妈妈调理脾胃，改善皮肤，并且对长色斑和色素沉着都有很好的改善效果。

3. 小米除了搭配红枣熬粥，还可以与蔬菜或者肉类搭配食用。

阳光翠绿
# 菠菜粥

🔪 5 分钟

🕐 15 分钟

🍽 中等

⚛ 胡萝卜素、铁、钙、钾

🍳 直接分享

参考月龄：**7 个月以上的宝宝**

**喂养阶段：咀嚼期**

## 材料

菠菜 ------- 10g

鸡蛋黄 ----1/2 个

7 倍稠粥 ---- 30g

## 制作步骤

1. 将菠菜洗净切成小段，放入沸腾的水中焯 1 分钟。

2. 取出焯好的菠菜，用勺子压碎成泥状。

3. 将鸡蛋放在锅中煮熟，只取蛋黄，用勺子碾压成泥状。

4. 将菠菜泥与蛋黄泥拌入 7 倍稠粥中即可。

Tips

1. 菠菜先用水焯一下是为了去除菠菜中的草酸。

2. 这道菜还可以用宝宝喜欢的其他蔬菜泥与蛋黄泥自由搭配食用。

## 材料

蛋黄 - - - - - - 1/2 个

豆腐 - - - - - - - 200g

胡萝卜 - - - - - 10g

高汤 - - - - - - - 50ml

## 制作步骤

1. 将豆腐和洗好去皮的胡萝卜切成
   小丁备用；将鸡蛋黄打散，并对
   入适量高汤。

2. 把切好的豆腐块和胡萝卜丁倒入
   高汤中并搅匀，放在上气的蒸锅
   上，隔水蒸 12 分钟。

**参考月龄：7 个月以上的宝宝**

**喂养阶段：咀嚼期**

🔪 10 分钟

🕐 20 分钟

🍽 简单

✿ 大豆卵磷脂、钙、钾、维生素 A

🍱 再加工分享

Tips

1. 豆腐是解暑的佳品，加入高汤和蛋
   黄还可以帮助宝宝更好地吸收钙质。

2. 与高汤搭配能促进胡萝卜的营养充
   分释放。

营养宝典

三宝羹

## 材料

山药 ------ 10g

南瓜 ------ 10g

栗子 ------ 10g

## 制作步骤

1. 山药削去外皮，切成小块；南瓜去皮、去籽，切成小块；栗子剥去外壳。

2. 把所有材料放入蒸锅中蒸熟、蒸软烂，混合均匀搅拌成泥，就是营养丰富的三宝羹了。

**参考月龄：7 个月以上的宝宝**

**喂养阶段：咀嚼期**

10 分钟

25 分钟

中等

钾、钴、维生素 B$_2$

直接分享

Tips

除了这些材料之外，还可以添加胡萝卜、红薯、土豆等材料随意搭配，来丰富三宝羹的口感。

宝宝下午茶
# 西米凉糕

## 材料

西米 ------- 80g

鸡蛋黄 ---- 1/2 个

## 制作步骤

1. 锅中放入适量清水，煮开后将西米放入，小火慢煮至西米中的白芯完全消失。

2. 将煮好的西米浸在冷水里备用。

3. 鸡蛋用清水煮熟，只取蛋黄，并把蛋黄用少许水调成蛋黄糊。

4. 在模具的底部铺一层西米，然后在中间放入 1 小勺蛋黄糊，再用西米填满。

5. 最后在上气的蒸锅上蒸 5 分钟即可。

**参考月龄：7 个月以上的宝宝**

**喂养阶段：咀嚼期**

🔪 5 分钟

🕐 30 分钟

🍽 中等

❀ 蛋白质、卵磷脂、B 族维生素

🍚 直接分享

Tips

1. 蛋黄糊还可以换成宝宝喜欢的任何一种糊糊。

2. 西米有健脾胃的功效，宝宝常吃西米可以帮助消化。

**参考月龄：7 个月以上的宝宝**

**喂养阶段：咀嚼期**

## 材料

大米 ------- 30g

红薯泥 ----- 15g

## 制作步骤

1. 大米洗净后对入 7 倍量水，煮成 7 倍大米粥。

2. 把红薯泥倒入大米粥中，搅拌均匀即可。

5 分钟

30 分钟

简单

蛋白质、钙、维生素 C

直接分享

Tips

1. 红薯泥制作方法见本书 66 页。

2. 宝宝的食量不大，妈妈可以一次多做些，分量放冰箱里冷冻保存，在 2 天内吃完。而多做出来的辅食，还可以对入粥、汤中，变换更多花样。

3. 如果用生红薯煮粥的话，把红薯去皮切成小块，同大米一起煮成 7 倍粥，吃的时候用勺子把红薯碾烂即可。

丝滑口感
# 鸡肝泥

7~8 个月 / 露出小小嫩"牙"

参考月龄：7 个月以上的宝宝

喂养阶段：咀嚼期

🔪 5 分钟（ 不含浸泡时间 ）

🕐 20 分钟

🍽 简单

❋ 硒、铁、锌、维生素 A、维生 $B_2$

🍳 再加工分享

## 材料

鸡肝－－－－－－ 20g

## 制作步骤

把鸡肝放在清水中浸泡 2~3 个小时，其间最好换一次清水。

将泡好的鸡肝用流动水冲净，去除筋膜后切成小块。

把鸡肝块放在蒸锅里，隔水蒸 15 分钟。

把蒸好的鸡肝碾压成泥状即可。

Tips

1. 肝脏是解毒的器官，制作之前一定要用清水浸泡，目的是为了把鸡肝内的血水泡出，如果血水过多，中途需要更换一次清水。

2. 宝宝的食物不宜添加调味品，碾压好的鸡肝泥可以拌在米粉或者 10 倍粥中喂给宝宝吃。

3. 肝脏营养丰富，是补铁和保护眼睛的常用食物，一周只食用一次为宜。

肉香四溢

# 胡萝卜肉汁

7~8 个月 / 露出小小嫩"牙"

## 材料

胡萝卜 ----- 30g

牛肉馅 ----- 10g

油 --------2ml

10 分钟

15 分钟

中等

胡萝卜素、蛋白质、钾、B 族维生素

直接分享

## 制作步骤

1. 胡萝卜洗净后去皮。切成小块，放在上气的蒸锅上蒸透、蒸软烂，
   然后碾压成胡萝卜泥备用。

2. 锅中放少许油，烧至六成热，放入牛肉馅煸炒至变色即可。

3. 将少许牛肉家和胡萝卜泥搅拌均匀就可以了。

Tips

1. 牛肉中所含的优质蛋白质比猪肉高 1 倍，更有利于宝宝的生长发育。

2. 肉末还可以拌在宝宝的面条里，或在稀米粥里淋上一些，使用起来很方便。

3. 从这个阶段开始，妈妈可以在辅食中添加少许食用油，宝宝每天从食用油中获取的热量大约为全部热量的 1/3，食用量每天以 5~10ml 为宜。

酸甜浓郁
# 番茄肉汤

## 材料

番茄 — — — — — — 30g

肉馅 — — — — — — 5g

## 制作步骤

1. 番茄洗净后，放在开水中烫去外皮，挖去蒂部后切成小块。

2. 肉馅再次用刀切碎成泥，之后放入沸水中汆至变色，其间用筷子搅开粘连的肉末。

3. 倒入番茄块，小火慢煮 10 分钟，煮至所有食材软烂即可。

**参考月龄：7 个月以上的宝宝**

**喂养阶段：咀嚼期**

🔪 3 分钟

🕐 15 分钟

🍽 简单

⚛ 蛋白质、钾、维生素 C

🍽 直接分享

Tips

还可以先把番茄块放在炒锅中煸出红油，然后再放入肉馅搅散，味道也很好。油的用量要少，正常炒菜的话要控制在 2~3ml。

# 第五章

## 9~12 个月
## 磨出美妙滋味

## 9~12个月 磨出美妙滋味

在这个时期，宝宝的牙齿已经渐渐长出，食物的硬度也可以慢慢增加，由原来质地较软的食物逐渐转变为略带咀嚼感、可以用牙床碾碎的食物，标准可以参照香蕉的硬度。母乳喂养的宝宝已经进入断奶期，对辅食营养的要求也越来越高了，每天进辅食次数可增加为一日三餐，是不是越来越"小大人"了呢？给宝宝准备好婴儿椅，和爸爸妈妈一起在餐桌上吃饭吧！

### 该断奶了吗?

何时断奶最好由宝宝的表现来决定，这样最顺利、最容易，也是对宝宝心理成长最有益的方式。母乳喂养加合理辅食能保证正常生长，就可坚持。妈妈上班后，可以将母乳吸出放入专用无菌保鲜袋中标注日期冷冻，吃的时候先常温化开，再用温奶器温至 40℃即可给宝宝食用，千万不要用微波炉解冻。若必须断奶，一岁半前应该添加配方奶粉。仅仅依靠辅食不能保证孩子的正常生长发育。

### 丰富的食材

宝宝在吃过水果、蔬菜、谷物和肉类之后，如果都没有出现过敏反应，这个阶段妈妈可以适当给宝宝添加些海鲜，在全面补充营养的同时，还能让宝宝尝尝人间鲜味！不过汞含量较高的鱼类，妈妈还是要慎重选择，比如剑鱼、旗鱼、鲇鱼、罗非鱼和体形较大的鱼类，这些鱼类最好避免让宝宝食用。非常适合这个年龄段宝宝食用的鱼类有鲫鱼、鳙鱼、草鱼。一般把鱼腩清蒸，剔去鱼刺后喂给宝宝吃。

### 可以吃奶酪了吗？

奶酪的营养非常丰富，对宝宝的成长发育十分有益，专家建议奶酪添加的时间是1岁以后，市面上可以买到的奶酪也是适合1岁以上宝宝食用的。由于每个宝宝的体质大不相同，所以能不能吃奶酪，何时开始吃，也要本着"由宝宝来决定"的原则考虑，如果宝宝的肠胃已经接受了大部分的食物，且都没有出现过敏反应，妈妈可以从少量开始尝试，没有出现不良反应之后再逐渐加量。

### 注重铁质的摄入

由于宝宝摄入的奶量逐渐减少，很有可能出现铁质缺乏的现象。妈妈在辅食的添加上，要注意多选用含铁量高的食材，比如菠菜、猪肝等。

### 手抓饭的日子

由于可以添加的食材种类日渐增多，宝宝对食物的分辨能力和感知能力也越来越强，妈妈在综合搭配食物的同时，还要考虑到食物的形状。因为宝宝已经具备了一定的咀嚼能力，手指灵活度也比以前有了很大提高，妈妈在制作辅食的时候，可以尽量多做一些适合宝宝抓在手里的食物，或者把食材制作成宝宝适口的大小，不要再将食物弄太碎，让宝宝慢慢接受成人的饮食习惯。在这个时候也可以开始培养宝宝使用小勺子自己吃饭的习惯了。

### 美食齐分享

宝宝的食物越来越成人化，只是还需要遵循软、烂和清淡的原则。妈妈可以在准备饭菜的时候，先把宝宝的分量用小碗盛出来，然后再把大人的饭菜调味，这样宝宝和爸爸、妈妈就可以在餐桌上一起享用美食啦！

蓬松松的好味道
# 碎菜猪肉松粥

## 材料

大米 ------- 30g

小油菜 ----- 10g

猪肉松 ------ 5g

香油------3~5 滴

## 制作步骤

1. 小油菜只取嫩嫩的菜心，择洗干净后放入沸水锅中煮熟、煮软，捞出后切成碎末备用。

2. 大米和水以 1:5 的比例煮成 5 倍稠粥，将小油菜末放入拌匀，滴入香油。

3. 吃的时候，在粥的表面撒上一层猪肉松，最好选用婴儿专用的肉松，这种肉松纤维很少，便于宝宝消化吸收。

**参考月龄：9 个月以上的宝宝**

**喂养阶段：咬嚼期**

5 分钟

30 分钟

简单

蛋白质、胡萝卜素、钙、铁、钾、维生素 C

直接分享

Tips

1. 小油菜中含有丰富的钙、铁、维生素 C 和胡萝卜素等，而且小油菜的含钙量在绿叶蔬菜中是首屈一指的。

2. 在这个阶段可以给宝宝添加一些易消化的肉类辅食，但是由于宝宝月龄较小，不宜过于油腻，以免增加宝宝肠胃的负担。

香嫩美滋味
# 鸡蓉玉米羹

## 材料

鸡胸肉 ----- 30g

鲜玉米粒 ---- 30g

高汤 ------ 100ml

参考月龄：9 个月以上的宝宝

喂养阶段：咬嚼期

5 分钟（不含浸泡时间）

10 分钟

中等

蛋白质、钾、维生素 C

直接分享

## 制作步骤

1. 把鸡胸肉事先放在冷水中浸泡 20 分钟，然后把鸡胸肉和玉米粒用流动水洗净，分别剁成蓉备用。

2. 高汤滤掉残渣后烧开，撇去表面的浮油，加入鸡肉蓉和玉米蓉搅拌打散后煮开，转小火再煮 5 分钟即可。

Tips

1. 玉米中的纤维素含量非常高，能有效刺激宝宝的胃肠蠕动，增强宝宝的食欲。

2. 肉汤、粥类的食物因为长时间的炖煮，营养成分充分析入汤粥中，更易于宝宝吸收。

美味不可挡
鳕鱼三豆粥

## 材料

鲟鱼 ------ 50g

绿豆 ------ 10g

黑豆 ------ 10g

红豆 ------ 10g

大米 ------ 30g

高汤 ------ 适量

 10 分钟 ( 不含浸泡时间 )

50 分钟

中等

蛋白质、钙、磷、铁、钾

直接分享

## 制作步骤

1. 鳕鱼洗净去除鱼刺后，用刀背剁成泥状备用。

2. 绿豆、红豆、黑豆清洗干净，提前浸泡 3 个小时后与大米混合，对入高汤煮成 5 倍稠粥，用勺子将豆子碾成泥糊状备用。

3. 将豆粥和鳕鱼泥混合，放入蒸锅蒸 10 分钟即可食用。

Tips

1. 豆类含有丰富的优质植物蛋白，易于宝宝消化吸收；豆类中锌的含量也很高，而锌是宝宝大脑发育不可缺少的营养素。

2. 6 个月前的宝宝通过摄取妈妈的母乳可以满足自身对锌的需求，但是 6 个月后成长加速，需要补充大量的锌元素，否则会导致发育不良。缺乏严重时，将会导致成长缓慢，智力发育不良，免疫力降低，容易生病。

3. 把鳕鱼泥混合后再上锅蒸熟，可以很好地保留鳕鱼中的营养，并且蒸制的过程中豆泥也可以很好地吸收鳕鱼的香味。

# 干酪面包糊

🔪 2 分钟

🕐 8 分钟

🍽 简单

⚛ 钙、钾、磷

🫕 直接分享

## 材料

面包片 ----- 1 片

牛奶 ------ 80ml

干酪粉 ------ 5g

**参考月龄：9 个月以上的宝宝**

**喂养阶段：咬嚼期**

## 制作步骤

1. 面包片切去四周的硬边，然后切成小块。

2. 把牛奶倒入锅中加热，待锅边冒小泡时把面包小块放入锅中，继续同牛奶一起煮成糊状。

3. 吃的时候撒上干酪粉即可。

Tips

1. 这道面包糊还可以与肉松搭配，记得要选用宝宝吃的婴儿肉松。

2. 煮制的过程中要不停地用勺子搅拌，以免食物粘锅。

画个小圈圈

# 苹果酪

## 材料

苹果------200g

奶酪粉 ----- 20g

面粉------ 80g

油 –80ml（实耗 10ml）

## 制作步骤

1. 苹果洗净去皮，切成约 0.8cm 厚的片备用。

2. 面粉中加入奶酪粉，对入温水调成糊状。

3. 平底锅中放入少许油，将苹果片蘸糊后放入锅中煎至两面金黄。

4. 把煎好的苹果片放入微波炉中，用中火加热 2 分钟，至苹果片软烂后再撒上少许宝宝食用的奶酪粉即可。

**参考月龄：9 个月以上的宝宝**

**喂养阶段：咬嚼期**

10 分钟

15 分钟

中等

蛋白质、钙、维生素 A、维生素 C

直接分享

Tips

1. 奶香味浓郁的苹果酪会很受宝宝的欢迎，但由于是用油煎制的食物，一次不宜吃得过多。

2. 最好在吃之前，用厨房用纸吸掉表面的油脂。

溜进嘴里的滑嫩

# 蛋花豆腐羹

## 材料

豆腐------400 克

蛋黄------ 1 个

高汤------100ml

香葱末 ----- 少许

香油------ 数滴

## 制作步骤

1. 豆腐切成小丁；蛋黄打散。

2. 高汤煮开后下入豆腐，转小火煮 3~5
   分钟。

3. 汤中倒入蛋黄液，待蛋花漂起后关火。

4. 最后撒上少许香葱末和几滴香油即可。

5 分钟

10 分钟

简单

蛋白质 、 大豆卵磷脂 、 钙 、 钾、
铁、磷、维生素 A

直接分享

Tips

1. 高汤富含钙质，同时富含蛋白质、脂肪、
   碳水化合物、铁、磷和多种维生素，非
   常适合宝宝发育过程中食用。

2. 鸡蛋和豆腐不仅含有丰富的钙，而且吃
   起来也是又软又嫩，特别适合这个时期
   的宝宝食用。

3. 高汤种类很多，有骨头汤、各种肉汤、
   鱼汤等，年轻的爸爸妈妈可以在周末提
   前用小火慢炖熬制出来，分别放入小盒
   子里冻在冰箱的冷冻室中，这样每次使
   用时直接取出煮沸，又快又方便。

妈妈的味道
# 鸡蓉玉米拌面

## 材料

鸡胸肉 ----- 25g

儿童挂面 ---- 60g

玉米粒 ----- 10g

黄瓜丝 ----- 10g

番茄丝 ----- 30g

黄彩椒丝 ---- 10g

油 --------2ml

**参考月龄：9 个月以上的宝宝**

**喂养阶段：咬嚼期**

10 分钟 ( 不含浸泡时间 )

20 分钟

中等

蛋白质、钙、磷、铁、钾

直接分享

## 制作步骤

鸡胸肉先放在冷水中浸泡 20 分钟，然后放在锅中煮熟，再把煮好的鸡胸肉用手撕成细丝；玉米粒剁成碎末。

锅中倒入少许油，待油六成热时，把玉米粒、黄瓜丝、番茄丝和黄彩椒丝一同放入锅中，翻炒均匀。

将儿童挂面在开水中煮至软烂后捞出，然后与撕好的鸡胸肉以及炒好的蔬菜拌匀即可。

Tips

1. 进入了咬嚼期，食物可以略微粗糙一些，妈妈在做饭的时候要适当缩短食物煮制的时间，以增加食物的硬度，来锻炼宝宝的咬嚼能力。

2. 面条段很方便宝宝用手抓取，这个时候不要怕宝宝弄脏衣服和桌面，任由宝宝自己动手，培养他自己吃饭的习惯。

小小美食家
**奶酪蘑菇汤**

## 材料

白蘑菇 ----- 30g

中型土豆 ----100g

洋葱------- 50g

奶酪片 ----- 1 片

油 --------2ml

 10 分钟

🕐 40 分钟

🍲 中等

❀ 蛋白质、钙、硒、磷

🍳 直接分享

## 制作步骤

1. 白蘑菇洗净切成片；土豆削去外皮，切成和蘑菇片差不多大小的片；洋葱切成细末；奶酪片切成条状或块状。

2. 锅中放少许油，先把洋葱末爆香，然后放入土豆片和 3/4 份白蘑菇片煸炒 3 分钟，加入少许水把土豆片和白蘑菇片煮软煮烂，然后把翻炒好的食材放入搅拌机中，搅拌成糊状。

3. 锅中加入适量清水，把搅拌好的糊糊倒入，大火煮开后，放入剩余的白蘑菇片，继续煮 2 分钟后，把奶酪放入锅中，煮至奶酪全部熔化即可。

Tips

1. 奶制品含钙丰富，是有利于宝宝长高的最佳食物。

2. 煮制的过程中要不断搅拌，以免食物粘锅。

3. 洋葱里含有可以防止宝宝形成龋齿的成分，还可以预防感冒。要注意的是，在给宝宝添加洋葱的时候，要尽量切得细一些，方便宝宝咀嚼。

缤纷三色
## 面片汤

## 材料

面粉------100g    紫菜------- 3g

菠菜------ 15g    虾皮------- 2g

番茄------ 15g    高汤----- 200ml

## 制作步骤

1. 菠菜在沸水中焯一下后切碎，放入榨汁机中榨成汁，搅拌均匀，滤去残渣只取绿汁；番茄浸在热水中，剥去外皮，用榨汁机搅拌成红汁；把面粉分成 3 份，2 份面粉分别与绿汁和红汁混合揉成彩色面团，1 份面粉对水揉成白色面团，把 3 份面团分别擀薄后切成小面片。

2. 将紫菜和虾皮切成碎末。

3. 高汤煮沸后，把三种颜色的面片放入，煮熟后放入切碎的紫菜和虾皮碎。

**参考月龄：9 个月以上的宝宝**

**喂养阶段：咀嚼期**

5 分钟

25 分钟

复杂

胡萝卜素、钾、钙、维生素 C

直接分享

Tips

1. 把虾皮和紫菜切碎是为了方便宝宝消化和吸收，同时还能给宝宝提供丰富的钙质。

2. 面团中的菜汁还可以变换成其他蔬菜汁，比如胡萝卜汁、菜汁等。

与妈妈齐分享
## 猪蹄黄瓜汤

### 材料

新鲜猪蹄 ---400 克
黄豆------ 10g
黄瓜丝 ----- 15g

香菜------ 少许
姜 ------ 2 小片

**参考月龄：9 个月以上的宝宝**

**喂养阶段：咬嚼期**

5 分钟（不含浸泡时间）

1 小时（含炖制时间）

中等

蛋白质、胶原蛋白、钾

再加工分享

### 制作步骤

1. 把猪蹄放在清水中浸泡 2~3 个小时，其目的是为了渗出猪蹄中的血水，如有必要，其间可以换一次水。将浸泡好的猪蹄洗净，并去除多余的毛发。

2. 黄豆洗净后放在清水中浸泡 2 小时。

3. 取一只煮锅放入冷水，并把姜片和猪蹄一起放入锅中，大火煮开后转小火慢炖。

4. 半小时后，将泡好的黄豆入锅中与猪蹄继续炖。

5. 待猪蹄炖软烂后，将黄瓜丝放入锅中，煮 2~3 分钟后关火，吃的时候撒上少许香菜段。

Tips

1. 姜要切成片状，吃的时候方便将姜片取出，不要切成细末，以免姜末堵塞在宝宝的喉咙中。

2. 这个阶段的宝宝还仅是靠牙龈来咬嚼食物，所以这道菜适合宝宝和妈妈共同享用，宝宝喝汤妈妈吃肉的搭配最完美不过了。

暖暖的 最贴心
# 番茄鸡蛋疙瘩汤

9~12 个月 / 磨出美妙滋味

# 材料

面粉 - - - - - - 80g

番茄 - - - - - - 1 个

鸡蛋 - - - - - - 1 个

香油 - - - - - 3~5 滴

油 - - - - - - - - 2ml

5 分钟

20 分钟

中等

蛋白质、卵磷脂、维生素 C

再加工分享

# 制作步骤

1. 鸡蛋只取蛋黄，打散；番茄用滚水烫去皮，切成小块。

2. 锅中倒入少许油，将番茄块放入，煸炒出红油，然后对入适量清水，大火煮沸后，转小火持续煮 3~5 分钟。

3. 面粉放在一个大碗中，加少许水将面粉调成细细的面疙瘩。

4. 将面疙瘩拨入锅中，用小火煮 3 分钟，直至疙瘩完全煮熟。

5. 最后把蛋液倒入锅中，蛋液凝固，滴入几滴香油后关火。

Tips

1. 面疙瘩随用随做，不要事先做好，以防止疙瘩粘连。

2. 面疙瘩下锅后，要迅速用筷子把疙瘩打散。

一把抓个小尾巴鱼儿
# 炒面鱼儿

## 材料

土豆 ------- 50g

面粉 ------- 50g

鸡肉 ------- 10g

菠菜 ------- 10g

葱末 ------- 2g

淀粉 ------- 3g

油 --------2ml

参考月龄：9 个月以上的宝宝

喂养阶段：咬嚼期

10 分钟

25 分钟

复杂

蛋白质、钙、钾、维生素 A

再加工分享

## 制作步骤

1. 土豆洗净，去皮、切块，上锅蒸到软烂。把蒸好的土豆块碾压成泥，加入面粉揉成土豆面团，然后用手搓成小细面鱼儿。

2. 把面鱼儿放在上气的蒸锅上蒸 10 分钟，蒸透蒸熟即可。

3. 鸡肉切成小丁，用干淀粉腌渍 5 分钟。

4. 菠菜在沸水中焯一下，洗净切成碎末。

5. 平底锅放油，待油六成热后爆香葱末，放入鸡丁炒散，再放入面鱼儿、菠菜碎翻炒均匀即可出锅。

Tips

1. 面鱼儿也可以用清水煮熟，煮好后立刻放入凉水中浸泡。
2. 鸡肉和青菜切成小碎丁，更方便宝宝咀嚼和吸收。同样道理，面鱼儿也做得尽量小一点儿。
3. 宝宝不喜欢葱末可以不放。
4. 还可以用胡萝卜汁或者菠菜汁和面，做成红色或绿色的小面鱼儿，吸引宝宝眼球的同时还能让他摄入更丰富的营养。

把好味卷起来

# 鱼泥蛋皮卷

🔪 20 分钟

🕐 25 分钟

🍲 复杂

⚛️ 蛋白质、卵磷脂、不饱和脂肪酸、钙、锌

🥢 直接分享

## 材料

鱼肉 ------- 30g

蛋黄 ------- 1 个

葱姜水 ----- 15ml

油 --------- 2ml

**参考月龄：9 个月以上的宝宝**

**喂养阶段：咬嚼期**

## 制作步骤

1. 取刺少的鱼肉，去除鱼刺后碾压成泥，过筛后制成鱼泥。鱼泥中调入葱姜水去除腥味；鸡蛋只取蛋黄，打散成液体。

2. 在平底锅中倒入少许油，待油温约四成热时，把鸡蛋液倒入，摊成薄薄的蛋饼，放置在一边晾凉。

3. 将鱼泥平铺在鸡蛋饼上，卷成鸡蛋卷，放入蒸锅中，上气后蒸 10 分钟，蒸熟后切成小块即可。

### Tips

1. 鱼肉中的蛋白质含量非常高，而且钙、锌等微量元素的含量也不少，十分适合宝宝食用。

2. 切成小段的鱼泥蛋皮卷可以让宝宝自己拿在手里吃，不仅培养了宝宝自己吃饭的习惯，还可以锻炼他手指的灵活性。

# 第六章

## 1岁~1岁半
## 淘气小魔头的吃喝盛宴

# 1岁~1岁半 淘气小魔头的吃喝盛宴

　　一点点长大的宝宝带给你越来越多的惊喜、越来越多的欢乐，缠在你身边的这个小机灵，着实让人爱不释手。这个走路还晃晃悠悠、踉踉跄跄的小人儿，是不是已经开始有了自己的小思维、小想法了呢？这个阶段是宝宝智力发育的重要时期，所以，妈妈要有重点地给宝宝多喂一些有助于大脑发育的食物。

### 鱼油，还是鱼肉？

　　DHA 和 EPA 这两种特殊的脂肪酸对宝宝的大脑和神经系统发育可以起到很大的作用。通常妈妈们为了让宝宝健康成长，会给宝宝的辅食中添加含有这两种成分的鱼油。随着宝宝的消化系统越来越成熟，1 岁以后可以摄入各种食物，只要让宝宝平时多吃些深海鱼，比如三文鱼、大马哈鱼等，宝宝的体内自然就不会缺少这类益智因子了。

### 可以吃全蛋了

　　鸡蛋是营养非常全面的食物，1 岁以后的宝宝已经可以吃全蛋了。但是由于宝宝的肠道消化功能还不成熟，鸡蛋的摄入也不是越多越好，这样会增加宝宝肠胃的负担。一般情况下，以每天或隔天吃 1 个全蛋为宜。

### 宝宝式的成人饭菜

这个阶段的宝宝已经尝过并且接受了大部分的自然食物，饭菜形式也越来越成人化，但是与真正的成人饭菜还是有一定区别的。宝宝的乳牙还没有长全，虽然具备了一定的咀嚼能力，可以接受一些成形的固体食物，但食物的质地还是要以细、软、烂为主。妈妈在做饭的时候，可以在调味前把宝宝的分量盛出来，再进一步加工得更软烂一些。

### 如何对付宝宝不爱吃的食物

这个阶段宝宝已经有了自己的思维，懂得喜欢和不喜欢，当然对食物也有了自己的喜好。当宝宝排斥某种食物的时候，不要过早地认为是宝宝偏食，首先检查一下食物是不是在大小或硬度方面不符合宝宝的进食习惯，下次做得软一点、小一点看宝宝能不能接受。其次，有可能是宝宝已经吃饱了，不饿当然就不会再吃了。

如果确定了宝宝对某种食物十分挑剔，而这种食物又对身体非常有益的话，妈妈就要花些心思，把这种食物与宝宝喜欢的食物混合在一起，让宝宝吃下去；或者做成可爱的造型吸引宝宝的眼球，激发宝宝的食欲。

### 饭量小了是正常现象吗？

1岁以后，宝宝的成长速度较之婴儿期会减慢很多，饭量也有可能减少，这时妈妈先不用着急。只要宝宝的体重持续增加、大便规律、皮肤有光泽，而且精力旺盛，就说明宝宝处于正常的发育状态。

御寒美味粥

黑木耳
番茄香粥

香气扑鼻

核桃花生
紫米粥

1 岁 ~1 岁半 / 淘气小魔头的吃喝盛宴

## 材料

黑木耳 ------ 5g 　　番茄 ------ 10g

火腿 ------ 5g 　　大米 ------ 30g

鸡蛋 ------ 60g 　　盐 ------ 1g

## 制作步骤

1. 黑木耳提前用温水浸泡 2 个小时，完全泡发后去蒂冲洗干净，切成细丝；火腿切丁；番茄洗净去皮后切成小丁；大米放在水里浸泡 1 个小时。

2. 砂锅中倒入大米和水，大火煮开后改成小火，加入番茄熬煮 20 分钟，然后倒入黑木耳、火腿丁继续熬煮 10 分钟，最后把鸡蛋打散后倒入锅中稍加搅拌，待蛋液凝固后调入少许盐关火。

**参考月龄：1 岁以上的宝宝**

**喂养阶段：大口咬嚼期**

🔪 10 分钟( 不含浸泡时间 )

🕐 40 分钟

🍽 中等

✳ 蛋白质、铁、维生素 C

🥄 直接分享

Tips

　　因为有了番茄的参与，口感更加酸甜。虽然番茄煮熟会损失掉一部分的维生素 C，但是能起到增强免疫力等功效的番茄红素却更充足了。

---

## 材料

大米 ------ 15g

紫米 ------ 15g

核桃仁 ------ 5g

花生仁 ------ 5g

## 制作步骤

1. 把核桃仁和花生仁放进保鲜袋中，用擀面杖擀成细小颗粒。

2. 大米和紫米加水煮成粥，然后放入坚果碎继续熬制 10 分钟，凉温后即可食用。

**参考月龄：1 岁以上的宝宝**

**喂养阶段：大口咬嚼期**

🔪 5 分钟

🕐 40 分钟

🍽 简单

✳ 不饱和脂肪酸、锰、锌、B 族维生素、维生素 C

🥄 直接分享

Tips

1. 擀制坚果碎的时候一定要有耐心，要把坚果擀成细小的颗粒，便于宝宝咀嚼。

2. 紫米和核桃一起食用，可以令宝宝的头发乌黑，同时还有健脑的作用。

开胃小点
# 酸奶薯泥羹

## 材料

红薯 ------ 75g

酸奶 ------ 适量

蛋黄 ------ 1 个

火腿 ------ 适量

## 制作步骤

1. 红薯去皮、洗净，切块，上锅蒸熟后碾成泥状。

2. 鸡蛋煮熟后只取蛋黄，用勺子把蛋黄碾碎；火腿切成碎丁。

3. 把所有食材用酸奶搅拌均匀即可。

**参考月龄：1 岁以上的宝宝**

**喂养阶段：大口咬嚼期**

- 🔪 5 分钟
- 🕐 10 分钟
- 🍽 简单
- ⚛ 蛋白质、钙、铁、维生素 A
- 🍽 直接分享

Tips

1. 蛋黄是铁质的良好来源，配上火腿丁酸奶，不仅营养丰富，而且清爽开胃，是宝宝很好的开胃餐。

2. 还可以把红薯换成紫薯，颜色更漂亮，营养也更全面。

## 材料

番茄 ------ 50g

香蕉 ------ 75g

猕猴桃 ----- 50g

酸奶 ------ 适量

## 制作步骤

1. 番茄在沸水中烫一下，去外皮切成小丁；香蕉和猕猴桃剥去外皮后切成小丁。这三种食材的小丁大小要均匀一致，且适合宝宝咀嚼。

2. 把三种食材混合均匀，或依照图中所示依次码好，在表面淋上适量酸奶即可。

**参考月龄：1 岁以上的宝宝**

**喂养阶段：大口咬嚼期**

5 分钟

10 分钟

简单

钾、蛋白质、维生素 C

直接分享

Tips

1. 鲜艳的色彩搭配会大大吸引宝宝的眼球，刺激宝宝的食欲。

2. 1 岁以上的宝宝肠胃已逐渐发育完善，可以适量喝些酸奶增加营养，还能调节肠胃健康。

清爽小菜

**番茄豆腐沙拉**

## 材料

番茄 ------- 75g
豆腐 ------- 30g
黄瓜 ------- 5g
洋葱 ------- 5g
柠檬汁 ----- 适量
橄榄油 ----- 适量
白砂糖 ----- 少许

## 制作步骤

1. 番茄洗净后在热水中烫去表皮，然后切成1cm宽的小片；豆腐洗净后切成1cm的小丁；黄瓜削去外皮，拍碎后切成1cm的小粒；洋葱切成0.5cm宽的小丝。

2. 锅中倒入适量水，沸腾后放入切好的豆腐块和洋葱丝，焯熟后取出过一下凉水，盛放在盘中后码上番茄片和黄瓜粒。

3. 加入比例为2：1：1的橄榄油、柠檬汁、白砂糖的混合物，浇淋在菜上即可。

**参考月龄：1岁以上的宝宝**

**喂养阶段：大口咬嚼期**

10分钟

20分钟

简单

大豆卵磷脂、钾、维生素 C

直接分享

Tips

橄榄油所含的脂肪酸的比例与母乳相似，还有丰富的单不饱和脂肪酸和油酸，能帮助宝宝消化系统的发育。

美味小菜园
**焗西蓝花**

## 材料

西蓝花 ----- 30g     胡萝卜 ----- 5g

土豆 ------ 30g     玉米粒 ----- 5g

马苏里拉奶酪 -- 5g

## 制作步骤

1. 西蓝花、土豆、胡萝卜、玉米粒分别洗净，西蓝花择成小朵，胡萝卜刨成丝，然后用刀再剁成小段，玉米粒也改刀成细小的碎粒。土豆去皮后切成小块，上蒸锅蒸熟后碾成泥。

2. 马苏里拉奶酪刨成细丝备用。

3. 把西蓝花铺在烤碗的底部，将土豆泥、玉米粒和胡萝卜丝混合搅拌均匀后铺在西蓝花上，最后在食材表面撒上刨好的奶酪丝，烤箱预热至200℃，上下火烤制10分钟，待表面烤至金黄色即可。

**参考月龄：1 岁以上的宝宝**

**喂养阶段：大口咬嚼期**

10 分钟

30 分钟

中等

钙、维生素 $B_2$、维生素 C

直接分享

Tips

    同等分量的西蓝花比大白菜中的维生素 C 含量高 8 倍、维生素 B 含量高 4 倍，有利于宝宝的成长发育。

酸酸甜甜我最爱
**素制咕噜**

参考月龄：1 岁以上的宝宝

喂养阶段：大口咬嚼期

10 分钟

30 分钟

中等

大豆卵磷脂、钾、维生素 C

直接分享

## 材料

菠萝 ------- 20g

豆腐 ------- 20g

鸡蛋 ------- 60g

番茄 ------- 10g

盐 --------- 1g

番茄酱 -----15ml

白砂糖 ------ 2g

干淀粉 ------ 5g

油 --------80ml

（实耗 10ml）

## 制作步骤

1. 豆腐和去皮的菠萝分别用浓度适中的盐水浸泡 10 分钟，取出冲洗后分别切成 1.5cm 见方的小块，并沥干水分备用；番茄在沸水中烫去表皮后切滚刀块。

2. 鸡蛋打散成蛋液，干淀粉倒在平盘中，把切好的豆腐块在鸡蛋糊中蘸一下，然后再均匀地放入淀粉盘中拍上干淀粉。

3. 待锅中的油加热至四成热时，把豆腐块逐个放入，炸至金黄色，捞出备用。再将油加热至八成热，把所有豆腐块再次放入锅中复炸一次，然后捞出沥油。

4. 锅中留底油，倒入番茄块和番茄酱慢慢炒出红油，然后把菠萝块放入，并用盐和糖调味，待锅中的汤汁开始冒小泡时，淋入少许水淀粉，熬制成酸甜汁。

5. 最后把炸好的豆腐块倒入锅中，迅速翻炒均匀即可。

Tips

1. 菠萝入菜口感清新，酸甜的味道还能增进食欲，是让宝宝胃口大开的一道美味。

2. 菠萝肉里面的菠萝酶会使菠萝的口感苦涩，淡盐水能去除影响我们口感的菠萝酶，使菠萝酸甜可口。而盐水泡过的豆腐不仅更加紧实不易碎，还能去除豆腥味。

3. 也可以选用菠萝罐头来做这道菜，口感会稍甜一些，请适当减少白砂糖的用量。

清爽鲜香

# 肉末蒸冬瓜

## 材料

冬瓜 ------- 40g          蒜末 ------- 少许

肉馅 ------- 10g          盐 -------- 1 克

香菜 ------- 少许          香油 ------- 数滴

## 制作步骤

1. 冬瓜洗净后去皮，切成 1cm 厚的小块；肉末中加入少许蒜末和盐腌渍 5 分钟。

2. 在盘中摆好冬瓜，将腌好的肉末铺在冬瓜上，放在蒸锅里，用中火蒸 12 分钟。

3. 出锅前 12 分钟把切好的香菜撒在菜上，出锅后滴上数滴香油即可。

**参考月龄：1 岁以上的宝宝**

**喂养阶段：大口咬嚼期**

10 分钟

30 分钟

中等

蛋白质、钙、钾、维生素 C

直接分享

Tips

　　蒸的饭菜不仅最大限度地保留了食材的营养，还更容易被宝宝消化吸收，所以建议妈妈们多用蒸的烹饪方式来为宝宝制作美味。

磨牙小点
麦麸饼干
配酸奶

## 材料

麦麸饼干 ---- 50g

巧克力碎 ---- 10g

酸奶 ------ 100ml

樱桃 ------- 10g

**参考月龄：** 1 岁以上的宝宝

**喂养阶段：** 大口咬嚼期

🔪 5 分钟

🕐 15 分钟

🍽 简单

⚛ 蛋白质、铁

🥣 直接分享

## 制作步骤

1. 麦麸饼干装在保鲜袋中，用擀面杖压碎，碾成细末。

2. 将适量饼干末盛入杯中后倒入少许酸奶，再盛入少许饼干末，倒入酸奶，反复几次至杯满。

3. 最后撒入巧克力碎，点缀上去核的樱桃即可。

Tips

1. 酸奶中含有对宝宝的消化系统有益的菌群，可以很好地调节肠胃健康。

2. 还可以换成有果味的酸奶，丰富的口感更受宝宝喜欢。

## 材料

海带 ------ 20g
北豆腐 ----- 30g
三文鱼 ----- 30g
姜片 ------ 1 片
鱼油 ------ 数滴

**参考月龄：1 岁以上的宝宝**

**喂养阶段：大口咬嚼期**

20 分钟（不含浸泡时间）

25 分钟

简单

蛋白质、钙、碘、维生素 C、维生素 D

再加工分享

## 制作步骤

1. 海带用温水泡发半个小时后冲洗干净，切成短细丝；豆腐切成 2cm 见方的方丁；三文鱼顺着纹理撕成小段。

2. 砂锅中放入三碗水和一小片生姜，加热之后放入海带用小火熬煮 10 分钟使海带变糯软；再倒入切好的豆腐，小火煮 10 分钟后加入三文鱼，煮熟后出锅，最后滴入少许鱼油即可。

Tips

1. 海带不仅含有丰富的钙质，可以帮助宝宝的骨骼发育，还含有丰富维生素 C 和蛋白质等营养物质，这些营养物质的含量都是菠菜的数十倍。

2. 1 岁以后是宝宝大脑发育的黄金时期，而海鱼、海带等海产品所富含的碘元素又被誉为"聪明元素"，定期适量摄入深海鱼以及海带，对大脑发育是很有好处的。

3. 鱼油是维生素 D 的主要来源，可以促进宝宝对钙的吸收，增强免疫力。

冬季的暖意
# 西葫芦鸡蛋疙瘩汤

## 材料

| | | | |
|---|---|---|---|
| 面粉 | 40g | 香菜末 | 少许 |
| 鸡蛋 | 60g | 盐 | 1g |
| 番茄 | 60g | 胡椒粉 | 少许 |
| 西葫芦 | 20g | 香油 | 数滴 |
| 姜末 | 少许 | 高汤 | 100ml |

**参考月龄：** 1 岁以上的宝宝

**喂养阶段：** 大口咬嚼期

- 🔪 10 分钟
- 🕐 10 分钟
- 🍲 中等
- ⚛ 蛋白质、卵磷脂、钾
- 🍽 直接分享

## 制作步骤

1. 西葫芦去皮后刨成细丝；番茄去皮后切成小块；面粉用水调成小小的面疙瘩；鸡蛋打散备用。
2. 锅中放入高汤和姜末，煮沸后倒入面疙瘩、番茄与西葫芦丝，轻轻搅拌，最后倒入鸡蛋液。锅沸腾后撒上香菜末，加入盐和胡椒粉后出锅。
3. 最后滴入数滴香油即可。

Tips

1. 在制作面疙瘩时一定要做得尽量小一些，这样更易熟而且更入味。
2. 在出锅前也可加入一些其他食材来调剂（如胡萝卜、豌豆等），这样爱心满满的一碗疙瘩汤将会既美味又营养。

营养好味轻松做

# 金枪鱼
# 全麦饼

1 岁 ~1 岁半 / 淘气小魔头的吃喝盛宴

2 分钟

20 分钟

简单

蛋白质、不饱和脂肪酸、氨基酸、维生素 C

直接分享

参考月龄：1 岁以上的宝宝

喂养阶段：大口咬嚼期

## 材料

全麦法棍 ----100g

金枪鱼罐头 -- 50g

番茄-------- 30g

奶酪酱 ----- 适量

黄油--------- 5g

## 制作步骤

1. 番茄洗净后，切成 1cm 左右的厚片；法棍切成 2cm 左右的片状。
2. 平底锅中放入黄油，待黄油化开后，把切好的法棍片放在锅中，煎至表面呈金黄色。
3. 将番茄片铺在法棍面包片上，撒上金枪鱼肉，淋上适量奶酪酱即可。

Tips

1. 全麦食品含有丰富的微量元素，是宝宝和妈妈都应该多吃的食品。
2. 奶酪酱能达到很好的补钙效果，特殊的香气很受宝宝的喜爱。还可以浇在蔬菜上食用，让宝宝摄入的营养更丰富。

拌着饭饭吃
# 咖喱牛肉饭

🔪 10 分钟

🕐 30 分钟

🍽 中等

✳ 蛋白质、硒、维生素 A、维生 C

🍲 直接分享

**参考月龄：1 岁以上的宝宝**

**喂养阶段：大口咬嚼期**

## 材料

| | | |
|---|---|---|
| 牛肉 | ------- | 20g |
| 土豆 | ------- | 10g |
| 胡萝卜 | ----- | 10g |
| 西芹 | ------- | 10g |
| 洋葱 | ------- | 10g |
| 豌豆 | ------- | 5g |
| 玉米粒 | ------ | 5g |
| 咖喱 | ------- | 10g |
| 米饭 | ------- | 30g |
| 黄油 | ------- | 5g |
| 盐 | ------- | 少许 |

## 制作步骤

1. 将牛肉洗净切成小丁，用盐腌渍 5 分钟；土豆（去皮）、胡萝卜（去皮）、西芹洗净后切成小块；洋葱切成月牙形；豌豆与玉米粒洗净。

2. 锅中放入黄油，化开后分别放入洋葱、胡萝卜、土豆、豌豆、玉米粒，煸炒 3 分钟后取出。

3. 把牛肉放入锅中，煸炒变色后倒入其他食材，注入没过食材的水。大火煮沸后，转成中小火熬制 30 分钟。

4. 待土豆绵软后，加入咖喱块，不停搅拌使所有食材混合均匀。

5. 把熬好的咖喱汁直接浇在米饭上即可。

Tips

　　咖喱有很多品种，选择口感不辛辣的咖喱，是孩子们的最爱。

## 金针菇小馄饨

 10 分钟

 30 分钟

 中等

❀ B 族维生素、维生素 C、蛋白质、锌

🍲 直接分享

## 制作步骤

1. 金针菇洗净，去除根部后取一半分量剁烂，猪瘦肉馅用刀背再次加工剁成蓉，二者混合后加入姜末、香油和少许盐，沿一个方向搅拌上劲。

2. 把馅料放在馄饨皮中，扬起一个边收住馅料后用大拇指按住接角，分别收回来余下的三个角，最后大拇指稍用力按实馄饨。

3. 鸡蛋加微量盐后打散，锅中加入 3 碗高汤加热煮开，浇入蛋液后，再加入余下的金针菇与馄饨，再次煮开且馄饨浮起后即可出锅。

4. 最后在馄饨汤中撒入少许香菜、滴入数滴香油即可。

**参考月龄：1 岁以上的宝宝**

**喂养阶段：大口咬嚼期**

### 材料

| | |
|---|---|
| 金针菇 ----- | 20g |
| 猪瘦肉馅 ---- | 20g |
| 馄饨皮 ---- | 10 张 |
| 鸡蛋 ------ | 1 个 |
| 姜末 ------ | 少许 |
| 香油 ------ | 少许 |
| 盐 -------- | 1g |
| 高汤 ----- | 150ml |
| 香菜 ------ | 少许 |

Tips

金针菇所含的锌元素还能帮助宝宝智力更好地发育。

乖巧小肉饺

# 胡萝卜肉饺

20 分钟

20 分钟

复杂

蛋白质、钾、维生素 A 、维生素 C

直接分享

## 材料

胡萝卜 ----- 50g

猪肉馅 ----- 50g

面粉-------200g

香油--------5ml

盐 -------- 1g

油 ------- 少许

## 制作步骤

1. 把面粉倒入大碗中，加入适量水和成面团，擀成饺子皮。

2. 胡萝卜洗净、去皮后刨成丝，在热水中焯熟后捞出沥干水分，并剁成末。

3. 猪肉馅用刀背剁成蓉状，倒入剁碎的胡萝卜中，加入少许盐和香油后搅拌均匀。

4. 把肉馅包在饺子皮里，然后把捏好的饺子放入沸水中煮 8~10 分钟，待饺子都浮在水面后捞出。

5. 在碗里用勺子把饺子搅碎后再喂给宝宝吃。

Tips

1. 胡萝卜也可配合鸡蛋来制作饺子馅，鸡蛋要提前炒好后再和胡萝卜末搅拌。

2. 注意焯制胡萝卜的时间不宜过长，入沸水中后稍微变色即可。

最简单的好滋味
# 馒头夹肉松

 5 分钟

 5 分钟

 简单

 蛋白质、钙、钾、铁

直接分享

**参考月龄：1 岁以上的宝宝**

**喂养阶段：大口咬嚼期**

## 材料

猪肉松 ----- 10g

馒头 ------ 2 片

## 制作步骤

1. 将馒头片从中间横向切开，注意不要把馒头片切断。

2. 在开口处夹入适量的肉松即可。

Tips

1. 馒头片要切成适合宝宝拿着的大小，当然还可以换成吐司面包。

2. 肉松最好选择专供宝宝食用的肉松，利于宝宝吸收和消化。

3. 除了夹肉松之外，还可以一同夹上蔬菜或者肉类食物，丰富口感的同时，营养也更加丰富。

果香十足

# 核桃果味发糕

## 材料

面粉 ------ 100g
发酵粉 ----- 3g
玉米粉 ----- 15g
核桃粉 ----- 少许

桃汁 ------ 适量
白砂糖 ----- 适量
油 ------- 少许

## 制作步骤

1. 将面粉、发酵粉、玉米粉、核桃粉与适量的桃汁、白砂糖混合，搅拌成面糊。

2. 在模具的内侧和底部薄薄涂一层油，把面糊倒入至模具的八分满，用刮刀拌匀并刮平表面。

3. 烤箱预热至 200℃，把模具放入烤箱，上下火烤制 20 分钟即可。

**参考月龄：1 岁以上的宝宝**

**喂养阶段：大口咬嚼期**

🔪 40 分钟

🕐 50 分钟（不含发酵时间）

🍽 中等

✿ 铁、B 族维生素、维生素 E

🍰 直接分享

Tips

1. 坚果有营养，但是尽量压碎，防止孩子窒息，对坚果过敏的孩子也需要注意。

2. 辨别发糕烤好的小窍门：把牙签插进发糕中，拔出后牙签上没有粘连即说明发糕烤好了。

躲在馍馍里的坚果粒
# 菠菜干果馍

## 材料

菠菜 ------ 50g

面粉 ------ 100g

发酵粉 ------ 3g

坚果粉 ----- 少许

油 ------- 少许

## 制作步骤

1. 菠菜用沸水焯过后，放入搅拌机中搅拌成菠菜汁。

2. 将面粉、坚果粉、发酵粉与适量菠菜汁混合，揉成面团。

3. 把面团用保鲜膜包好，放置于恒温处发酵90分钟。

4. 把面团捏成宝宝喜欢的形状。放入蒸锅中，大火蒸20分钟即可。

**参考月龄：1 岁以上的宝宝**

**喂养阶段：大口咬嚼期**

📏 40 分钟

🕐 30 分钟（不含发酵时间）

🍽 中等

⚛ 钙、钾、维生素 A

🍴 直接分享

Tips

1. 发酵的温度不宜过高，保持在 26℃～28℃最佳。夏天室温发酵即可，冬天可放置在暖气上。

2. 坚果有营养，但是尽量压碎，防止孩子窒息，对坚果过敏的孩子也需要注意。

# 第七章

## 1岁半~2岁

## 嚼劲十足

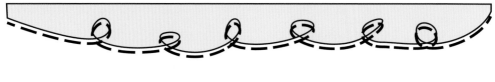

到了这个阶段，你会发现宝宝的身体越来越协调，动作也越来越灵敏。不妨试着给宝宝做一些具有创造性的食物，用小西蓝花"树"和胡萝卜"小花"拼成"小花园"、把土豆泥堆成"大山"，还可以试着用模具把面点切成不同的形状，教宝宝辨认圆形、方形、三角形，甚至是心形！

### 辅食转主食

这个阶段是辅食向主食转化的交替期，宝宝要学会与爸爸妈妈一起吃饭了。除了以混合食物为主、均衡营养外，还要注意宝宝每日的饮水量，一旦出现便秘情况就要让宝宝多喝水，适量进行户外运动，适当添加些高纤维的食物，如芹菜、油菜等。

### 喝奶仍是每日功课

虽然一天吃三顿正餐，但并不代表宝宝不需要喝奶了。奶粉、鲜奶、酸奶、奶酪等各类乳制品还是应当每天食用，可以根据宝宝的不同喜好来选择不同的乳制品。

### 少油低糖，零食自己做

清淡、少油和低糖的饮食原则还是要遵守的。这个阶段，宝宝接受的食物会更加广泛，尤其是油腻的零食和含糖量高的饮料，都会接触到。让宝宝一点零食都不吃，看似不太可能，但是妈妈又会担心零食中的食品添加剂对幼小的宝宝带来伤害，试着自己动手做一些宝宝喜欢吃的零食吧！既免去了零食含有食品添加剂的烦恼，还可以根据宝宝的口味喜好随意添加食物种类。

### 培养有规律的生活习惯

宝宝的主观意识越来越强，注意力也很容易被外界的新鲜事物吸引，面对好奇心大增的宝宝，除了让他接受新鲜事物之外，还要注意培养他有规律的生活习惯，养成固定的吃饭和睡觉时间，不要因为其他外界因素而受到影响。毕竟宝宝还处于身体生长发育最重要的时期，营养的摄入和良好的睡眠都是不能缺少的，同时规律的生活习惯还可以培养宝宝的自控能力。

### 左手优势

随着宝宝的手指越来越灵活，有些宝宝可以完全凭自己的能力吃完一餐饭。如果你发现宝宝总是习惯用左手拿勺子，千万不要有指责和纠正的行为。在这个阶段，还是以宝宝的喜好为主，如果总是提醒或打断宝宝的行为，会减少宝宝挑战事物的兴趣，影响宝宝的身心健康。无论是习惯左手还是习惯右手都不重要，重要的是让宝宝健康、快乐、自由地生活。

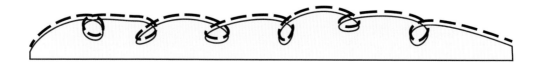

弹牙小丸子

# 菜心肉丸粥

## 材料

鸡肉末 ----- 100g
油菜心 ----- 3 棵
软米饭 ----- 50g
葱末 ------ 少许

淀粉 ------ 3 克
高汤 ------ 300ml
盐 -------- 1g

**参考月龄**：1 岁半以上的宝宝

**喂养阶段**：大口咬嚼期

🔪 10 分钟

🕐 10 分钟

🍽 中等

⚛ 蛋白质、磷、钙、铁、维生素 C

🍴 直接分享

## 制作步骤

1. 鸡肉末中放入葱末和淀粉，充分搅拌后
   用手制成宝宝适口的小丸子；油菜心洗
   净后，切丝备用。

2. 锅内倒入高汤，煮沸后放入小丸子、米
   饭一起煮成黏稠状，出锅前 5 分钟放入
   油菜丝并撒入盐调味即可。

Tips

1. 鸡肉末可用鸡胸肉剁成肉
   蓉。挑选鸡胸时，肉质紧密
   且颜色呈干净的粉红色、表
   面有光泽的鸡胸肉才是新
   鲜的。

2. 鸡肉丸子尽量做小点，有利
   于宝宝咀嚼。

闪闪星光
## 灿烂西蓝花

### 材料

西蓝花 ----- 20g    盐 --------- 1g

菜花 ------ 20g    油 ---------5ml

胡萝卜 ----- 10g

### 制作步骤

1. 西蓝花和菜花洗净，择成适合宝宝食用的小朵；胡萝卜洗净、去皮，切片后用模具扣出形状。

2. 将西蓝花与菜花在沸水中焯一下，捞出沥干。

3. 炒锅中放适量油，放入所有食材翻炒2分钟，然后加入少量盐调味即可出锅。

**参考月龄：1 岁半以上的宝宝**

**喂养阶段：大口咬嚼期**

🔪 10 分钟

🕐 5 分钟

🍲 中等

⚛ 胡萝卜素、维生素 C、维生素 K

🍽 直接分享

Tips

这道菜含有足量的维生素 C，能大大提高宝宝的抵抗力，并提升宝宝肝脏的解毒能力。

降暑又开胃

# 丝瓜肉丝粥

1 岁半 ~2 岁 / 嚼劲十足

20 分钟

30 分钟

简单

蛋白质、维生素 $B_1$、维生素 C

直接分享

参考月龄：1 岁半以上的宝宝

喂养阶段：大口咬嚼期

## 材料

| | |
|---|---|
| 丝瓜--------300g | 芝麻-------- 少许 |
| 猪肉--------120g | 盐 ---------- 1g |
| 大米粥 -----50ml | 油 ----------5ml |

## 制作步骤

1. 丝瓜洗净、去皮后切成小段；猪肉切成细丝；大米粥用小火加热。
2. 炒锅中倒入油，油温六成热时放入肉丝煸炒 1 分钟，变色后放入丝瓜，加 1 大匙水，盖上锅盖焖 1 分钟。
3. 加入盐和少许芝麻翻炒均匀，直接倒入加热过的大米粥中搅匀即可。

Tips

1. 丝瓜中含有多种维生素和矿物质，其中还有一种抗过敏酶，能增强宝宝的抗过敏反应。
2. 鲜丝瓜叶捣烂取汁涂抹宝宝的皮肤上，可以起到预防痱子的作用。

深海的智慧

# 茄汁金枪鱼

1 岁半 ~2 岁 / 嚼劲十足

5 分钟

10 分钟

中等

DHA、不饱和脂肪酸、氨基酸、维生素 A

直接分享

## 材料

金枪鱼 ----- 50g

洋葱------- 20g

青豆------- 10g

西蓝花 ----- 30g

番茄酱 -----30ml

盐 --------- 1g

油 ---------5ml

## 制作步骤

1. 金枪鱼按纹理撕成小块；洋葱去皮后切成月牙状；青豆和西蓝花小朵分别用水焯熟。

2. 待锅中油温至六成热时，爆香洋葱丝，然后倒入番茄酱，煸炒至有红油析出。

3. 倒入金枪鱼肉，待鱼肉变色后，放入焯好的青豆和西蓝花，翻炒均匀后，用少许盐调味即可。

Tips

1. 最好选用白色洋葱，这种洋葱没有很浓的辛辣味，而且甜度较高，容易被宝宝接受。

2. 金枪鱼中的 DHA 含量十分丰富，DHA 能够促进宝宝大脑和神经系统的发育。

营养蒸出来

**茼蒿豆腐蒸菜**

更"香"一层楼

**香干拌香椿**

1 岁半 ~2 岁 / 嚼劲十足

## 材料

茼蒿 ------ 20g　　蚝油 ------ 适量

豆腐 ------ 10g　　油 ------- 少许

银鱼 ------ 适量

10 分钟（不含浸泡时间）

20 分钟

中等

蛋白质、大豆卵磷脂、胡萝卜素

直接分享

## 制作步骤

1. 茼蒿洗净，切成 1cm 的小段，豆腐用盐水浸泡 10 分钟后冲洗一遍，切成 0.5cm 的小丁。

2. 茼蒿、豆腐和银鱼混合拌匀，装在盘中，上蒸锅用中火蒸 15 分钟后取出。

3. 另起锅，倒入蚝油和少许油，烧热后直接淋在茼蒿豆腐上即可。

Tips

　　银鱼很小，通体无鳞且属于高蛋白低脂肪食品，很适合给体虚、消化不良的宝宝食用。银鱼也可以用鱼肉罐头代替，外面鱼肉罐头很多，妈妈在选用的时候一定要选择无刺的鱼肉放入菜中。

---

## 材料

香干 ------ 10g　　盐 ------- 1g

香椿 ------ 50g　　酱油 ------5ml

白砂糖 ------ 1g　　香油 ------ 适量

5 分钟

5 分钟

简单

蛋白质、大豆卵磷脂、维生素 E

直接分享

## 制作步骤

1. 香椿择洗干净，入沸水焯熟后挤干水分，切成 1cm 左右的小段；香干切成 1cm 左右的小块。

2. 把酱油、白砂糖、盐、香油与切好的香干和香椿拌匀即可。

Tips

　　有些宝宝可能会排斥香椿的特殊气味，可以加少许醋进行中和调味。经过几次尝试后，宝宝仍不接受的话，千万不要勉强，以免造成宝宝对食物的抵触情绪。

## 材料

| | | | |
|---|---|---|---|
| 茭白 | 20g | 淀粉 | 少许 |
| 胡萝卜 | 10g | 高汤 | 30ml |
| 青豆 | 10g | 盐 | 1g |
| 猪里脊肉 | 10g | 油 | 5ml |
| 姜丝 | 少许 | | |

## 制作步骤

1. 茭白和胡萝卜洗净、去皮，切成细丝；里脊肉洗净切成细丝，加入盐和淀粉一起腌 5 分钟；青豆在热水中煮熟，稍加碾碎。

2. 炒锅中放入油加热，爆香姜丝后放入腌渍好的里脊肉翻炒至熟。

3. 锅中留底油，倒入茭白、胡萝卜、青豆翻炒 1 分钟。

4. 在高汤中掺入少许淀粉制作成水淀粉，勾芡后出锅。

**参考月龄：1 岁半以上的宝宝**

**喂养阶段：大口咬嚼期**

- 10 分钟
- 30 分钟
- 中等
- 蛋白质、钾、硫、维生素 A、维生素 C
- 直接分享

Tips

茭白含有丰富的碳水化合物和硫元素，能帮助宝宝去热并有利尿功效，但茭白也含有草酸，影响钙吸收，要适量食用。

双重口感，多重滋味
## 香蕉培根卷

**参考月龄：** 1 岁半以上的宝宝

**喂养阶段：** 大口咬嚼期

## 材料

香蕉 ------- 200g

培根 ------- 2 片

白砂糖 ------ 5g

## 制作步骤

1. 白砂糖用 1 小匙温水稀释成糖水。

2. 香蕉剥去外皮，切成与培根宽度相等的小段，并用培根卷好。

3. 在卷好的培根卷上涂上一层糖水，然后入预热 200℃的烤箱，烤 15 分钟。

10 分钟 ( 不含浸泡时间 )

20 分钟

中等

磷、钾、维生素 A 、维生素 C

直接分享

Tips

1. 用糖水刷过的培根香蕉卷，外皮酥脆，口感更好。

2. 香蕉在加热的过程中吸附了培根中的油脂，香蕉的口感会更加丰富，而培根也会因油脂的析出而更加劲道。

3. 要稍微晾凉再吃，以免刚烤好的香蕉温度过高，烫到宝宝。

1 岁半 ~2 岁 / 嚼劲十足

🔪 10 分钟

🕐 20 分钟

🍲 中等

❀ 蛋白质、锌、铁

🍳 直接分享

## 材料

培根------- 2 片　　　　红、黄彩椒 -- 10g

金针菇 ----- 10g　　　　蜂蜜------- 适量

黄瓜------- 10g

## 制作步骤

1. 黄瓜洗净削去外皮，切成小条；红、黄彩椒洗净后，切成与黄瓜条大小相同的条状；金针菇切掉根部，洗净后放入沸水中焯 2 分钟，盛出沥水备用。

2. 把培根平铺在案板上，把金针菇、黄瓜条和红、黄彩椒条整齐地码在培根上面，然后用手卷成小卷，并用牙签固定好封口处。

3. 在卷好的小卷表面涂上薄薄一层蜂蜜，烤箱预热至200℃，烤制15分钟即可。

Tips

1. 培根经过高温烤制，其香气会与蔬菜很好地融合在一起，宝宝一定喜欢。

2. 这是一道肉类、菌类和蔬菜完美搭配的美食，可以满足宝宝所需的能量，早上起来吃上一个，整天都有精神。

3. 给宝宝吃的时候，一定把牙签取掉，避免宝宝误食。

家传美味
# 木樨肉

1 岁半 ~2 岁 / 嚼劲十足

🔪 10 分钟（不含浸泡时间）

🕐 30 分钟

🍽 中等

❀ 蛋白质、铁、钙、维生素 K

🍳 直接分享

## 材料

猪里脊肉 ———— 10g        淀粉 —————— 适量

黄瓜 —————— 10g        盐 ————————— 1g

黑木耳 ————— 5g         葱姜末 ————— 少许

鸡蛋 —————— 1 个        油 —————————5ml

## 制作步骤

1. 将里脊肉冲洗后切成小片，用淀粉和盐腌渍备用；鸡蛋打散成蛋液；黑木耳用温水泡发 2 个小时，去蒂冲洗干净，撕成小朵；黄瓜洗净去皮，切成菱形片。

2. 炒锅中放入油，油温六成热时倒入鸡蛋液，炒成木樨状后盛出备用。

3. 锅中留底油，倒入葱、姜末爆香，放入腌过的肉片，翻炒至变色后加入黄瓜、木耳和鸡蛋，翻炒均匀后加入少许盐，再用少量淀粉对水后勾芡，即可出锅。

Tips

1. 妈妈也可以在这道菜中加入别的蔬菜，如油菜或竹笋，都能让这道菜的口感嫩上加嫩。

2. 木耳中含铁和维生素 K，能使宝宝的血液更加健康，而且能够加强宝宝的抵抗力。

老少皆宜的美味
# 东北炖粉条

1 岁半 ~2 岁 / 嚼劲十足

🔪 10 分钟 ( 不含浸泡时间 )

🕐 30 分钟

🍽 中等

❀ 蛋白质、钙、磷、铁

🍳 直接分享

## 材料

| | | | |
|---|---|---|---|
| 五花肉 ----- 50g | 油菜 ------- 少许 |
| 白菜 ------ 5 克 | 盐 -------- 1g |
| 土豆 ------ 10g | 姜片 ------ 2 片 |
| 扁豆 ------- 5g | 葱段 ------ 2 段 |
| 粉条 ------ 5 根 | 八角 ------ 1 个 |
| 五香粉 ------ 2g | 酱油 ------- 15ml |

## 制作步骤

1. 五花肉洗净切成小块；白菜洗净撕成小片；油菜只取嫩心洗净；土豆去皮切成小块；扁豆洗净后在沸水中烫熟，去筋后切成 3cm 的小段；粉条放在水中浸泡 30 分钟。

2. 锅中倒入适量的清水，放入姜片、葱段、五花肉与土豆、粉条、扁豆、五香粉、八角和酱油用小火熬煮 20 分钟。

3. 出锅前 5 分钟放入撕好的白菜与油菜心，并加少许盐调味，煮至白菜变软即可。

Tips

1. 扁豆一定要煮熟，尽量在烹饪开始之前就用热水烫熟，为使颜色更加翠绿，可在开水中放少许盐。

2. 粉条软硬程度不一，如难以与五花肉和土豆一起炖烂，则需要提前用热水浸泡。

超级下饭

芋头肉汤淋
焦香牛肉丸

1 岁半 ~2 岁 / 嚼劲十足

30 分钟

30 分钟

中等

蛋白质、氟

直接分享

## 材料

芋头 ------- 30g

牛肉馅 ----- 30g

生菜叶 ------ 3g

小葱 ------- 适量

淀粉 ------- 2g

盐 -------- 1g

高汤 ------ 100ml

油 ------- 适量

## 制作步骤

1. 芋头洗净、去皮，切成小块；生菜叶洗净，切成丝。

2. 把切好的芋头小块放在盛有高汤的盘子中；牛肉馅加入少许盐和淀粉搅拌均匀上劲后，用手团成适合宝宝吃的肉团放在盘子中，两个盘同时上蒸锅，蒸 15 分钟后取出。

3. 炒锅中放适量油，把蒸好的牛肉丸在油锅中煎到表面金黄，放在切好的生菜叶上。芋头块和高汤混合搅成糊状，直接把调好的汁淋在焦香的牛肉丸上即可。

4. 最后在牛肉丸的表面撒上适量小葱。

Tips

　　芋头的淀粉颗粒小，仅为土豆的1/10，更利于宝宝的消化吸收。但是芋头不耐低温，妈妈们不要将新鲜的芋头放入冰箱储存，最好放在阴凉通风处。

# 鲜虾银耳沙拉

## 材料

银耳 ------ 20g
鲜虾 ------ 250g
芹菜 ------ 10g
大蒜 ------ 3 瓣

盐 ------ 1g
柠檬汁 ------ 15ml
白砂糖 ------ 2g

**参考月龄：1 岁半以上的宝宝**

**喂养阶段：大口咬嚼期**

🔪 5 分钟

⏲ 10 分钟

🍽 中等

⚛ 蛋白质、铁、钾、磷、镁、
维生素 A、维生素 C

🍽 直接分享

## 制作步骤

1. 银耳泡发后去除蒂部，洗净撕成小
   朵，放入沸水中焯一下后沥干水分；
   芹菜切成小段，焯熟后控水；大蒜
   切成蒜末。

2. 鲜虾挑去虾线、去头去壳，放入沸
   水中焯熟，再浸入冷水，沥干备用。

3. 将所有材料混合，加入盐、柠檬汁
   和白砂糖拌匀即可。

Tips

1. 这道菜不含油，充分体现了食材的
   本色，清爽可口，适合宝宝食用。

2. 银耳中不仅含有蛋白质、维生素和葡
   萄糖等营养物质，还有润燥、清热
   的功效，给上火的宝宝吃非常适合。

没有刺的鱼
## 五彩鱼片

## 材料

鱼片 ------- 50g
青豆 ------- 10g
黑木耳 ----- 10g
黄瓜 ------- 10g
红彩椒 ----- 5g

油 --------- 5ml
葱末 ------- 2g
盐 --------- 1g
水淀粉 ----- 15ml

## 制作步骤

1. 鱼片用少许盐和水淀粉腌渍15分钟；黑木耳事先用冷水泡发，撕成小朵；黄瓜洗净后去皮，切成薄片；红彩椒洗净后切成小块。

2. 炒锅中倒入油，待油温五成热时，放入鱼片，轻轻翻炒至变色，盛出备用。

3. 锅中留底油，爆香葱末后，将黄瓜片、红彩椒块、黑木耳和青豆放入，翻炒1分钟后放入炒好的鱼片。

4. 翻炒均匀后，放入盐调味，最后用水淀粉勾芡即可。

**参考月龄：1岁半以上的宝宝**

**喂养阶段：大口咬嚼期**

20分钟（不含泡发时间）

5分钟

中等

蛋白质、不饱和脂肪酸、铁、钙、硒

直接分享

Tips

1. 鱼肉中含有多种不饱和脂肪酸和丰富的蛋白质，对宝宝的成长非常有好处。

2. 木耳中含有丰富的铁、钙等微量元素，经常食用可以有效帮助宝宝清除体内的铅及其他有害物质。

千"蕉"百媚
**香蕉煎饼**

## 材料

香蕉 ------- 200g

面粉 ------- 50g

巧克力酱 ----- 3g

油 ------- 适量

## 制作步骤

1. 将香蕉去皮，留 1/4 根切成薄片，其余的部分碾碎成泥状。

2. 把香蕉泥、面粉和适量水搅拌成糊状。

3. 在平底锅上涂一层薄薄的油，摊入面糊，待面糊接近固体时铺上香蕉片。

4. 出锅后在香蕉煎饼的表面淋上少许巧克力酱。

**参考月龄：1 岁半以上的宝宝**

**喂养阶段：大口咬嚼期**

🔪 10 分钟

🕐 10 分钟

🍽 中等

⚛ 磷、钾、维生素 A 、维生素 C

🧽 直接分享

Tips

香蕉本身含有果糖与葡萄糖，妈妈们一定不要加过量的巧克力酱。香蕉具有通便的作用，但是青涩的香蕉却有相反的作用，所以妈妈们一定要给宝宝选用熟透的香蕉。

阳光早餐
# 黄金火腿三明治

## 材料

面包片 ----- 3 片　　肉松 -------- 5g

鸡蛋 ------ 60g　　香芹末 ------ 5g

火腿 ------ 1 片　　油 ------- 适量

## 制作步骤

1. 鸡蛋打散成蛋液，放入香芹末搅拌均匀。

2. 把面包片在蛋液中蘸一下，然后用平底锅煎至两面焦黄。

3. 把一片面包放在盘子上，上面铺上火腿，然后再放上一片面包，再撒上一层肉松，把最后一片面包放在最上面，然后对角切成三角形。

**参考月龄：1 岁半以上的宝宝**

**喂养阶段：大口咬嚼期**

5 分钟

10 分钟

中等

蛋白质、卵磷脂、铁

直接分享

Tips

　　三明治中还可以夹入奶酪片，给宝宝补充钙质，记得要购买适合宝宝食用的奶酪。

小蝴蝶大味道
**什锦蝴蝶面**

## 材料

蝴蝶面 ----- 40g
玉米粒 ----- 5g
番茄 ------ 10g
洋葱 ------- 5g
火腿 ------- 5g
盐 -------- 1g
橄榄油 ----- 15ml
油 ------- 适量

## 制作步骤

1. 锅中放入适量水加热，沸腾后倒入蝴蝶面，小火煮10分钟后取出过凉水，拌入少许橄榄油。

2. 新鲜的玉米粒洗净；番茄洗净，在沸水中烫后去皮，切成小丁；火腿、洋葱也切成小丁。

3. 炒锅加热，待油温六成热时，将番茄丁、玉米粒、洋葱丁和火腿丁稍加煸炒，并加入少许盐。

4. 把炒好的什锦番茄丁直接浇在蝴蝶面上，搅拌均匀后喂食宝宝即可。

**参考月龄：1岁半以上的宝宝**

**喂养阶段：大口咬嚼期**

10分钟

30分钟

中等

蛋白质、维生素A、维生素C

直接分享

Tips

放入虾仁，就做成了大虾蝴蝶面；加入菠萝块，又有了水果的清香……拌面的食材可以根据宝宝的喜好适当搭配。

爱心满满
# 茄汁浇肝饼

## 材料

番茄 ------- 50g
猪肝 ------- 30g
面粉 ------- 20g

面包屑 ----- 20g
盐 -------- 1g
油 ------- 100ml
（实耗 15ml）

## 制作步骤

1. 将鲜猪肝在冷水中浸泡 2 个小时后，切成小片裹上少许盐，放入蒸锅中蒸 10 分钟，取出碾磨成肝泥。

2. 肝泥中掺入适量面粉混合均匀，制成肝泥饼，并在饼上裹一层面包屑。

3. 锅中倒入油，油温四成热时，把肝泥饼放入锅中煎炸至表面变焦黄后出锅。

4. 番茄洗净、去皮，切成小块，在炒锅中翻炒至糊状后加入少许盐，直接浇在肝泥饼上即可。

**参考月龄：1 岁半以上的宝宝**

**喂养阶段：大口咬嚼期**

🔪 10 分钟（不含浸泡时间）

⏱ 30 分钟

🍽 中等

⚛ 维生素 A 、B 族维生素、维生素 C

🍴 直接分享

Tips

食用猪肝可以帮助宝宝补充维生素 A 、B 族维生素，对宝宝造血功能有不小的贡献。

**练习吃饭的好帮手**

# 肉酱通心粉

## 材料

| | | | |
|---|---|---|---|
| 通心粉 | ----- 40g | 番茄 | ------100g |
| 洋葱 | ------ 50g | 黄油 | ------ 适量 |
| 胡萝卜 | ----- 50g | 盐 | -------- 1g |
| 牛肉馅 | ----- 20g | | |

## 制作步骤

1. 番茄在热水中烫去表皮后切成小块；胡萝卜洗净去皮切成小丁；洋葱洗净切成小方块。

2. 炒锅加热后放入黄油，待黄油化开成液体后倒入牛肉馅，翻炒变色后加入番茄块。待番茄炒成糊状后倒入胡萝卜丁、洋葱块，继续翻炒至所有食材变软，最后加入少许的盐。

3. 通心粉煮熟后过一遍凉水，与炒好的肉酱拌匀即可。

**参考月龄：1 岁半以上的宝宝**

**喂养阶段：大口咬嚼期**

- 10 分钟
- 30 分钟
- 中等
- 蛋白质、铁、维生素 C、维生素 A
- 直接分享

Tips

意大利通心粉含有丰富的碳水化合物及维生素，适合这个年龄阶段的宝宝食用，不会给肠胃增加过多的负担。

在口中融化的雪片
**木瓜糯米糍**

## 材料

| | | | |
|---|---|---|---|
| 木瓜 | 15g | 澄粉 | 30g |
| 牛奶 | 100ml | 淡奶油 | 20g |
| 椰蓉 | 少许 | 白砂糖 | 20g |
| 糯米粉 | 30g | | |

**参考月龄：** 1岁半以上的宝宝

**喂养阶段：** 大口咬嚼期

- 10分钟（不含冷冻时间）
- 30分钟
- 复杂
- B族维生素、维生素C
- 直接分享

## 制作步骤

1. 将木瓜洗净后切开，剔掉籽后把果肉切成小丁；淡奶油中加入1/2份的白砂糖，打发后加入木瓜丁，放入冰箱中冷藏1个小时。

2. 糯米粉和澄粉中加入剩余的白砂糖，用牛奶和成糊状，中火入微波炉加热15分钟，取出晾凉后分成若干小团。

3. 把小团用大拇指捏出小窝，放入冰镇好的奶油木瓜馅，再做成胖嘟嘟的形状，外层裹上椰蓉即可。

Tips

妈妈们也可为宝宝制作出香蕉、草莓等不同味道的糯米糍。只是要注意水果本身就含有一定的糖分，所以请妈妈们坚持适度的原则。

可人宝贝，甜心美味
# 奶油紫米糕

🔪 10 分钟（不含浸泡时间）

🕐 50 分钟

🍲 中等

⚛ 蛋白质、铁、钙、锰、锌

🍽 直接分享

参考月龄：1 岁半以上的宝宝

喂养阶段：大口咬嚼期

## 材料

| | |
|---|---|
| 紫米 | 80g |
| 江米 | 60g |
| 白砂糖 | 20g |
| 淡奶油 | 10g |
| 油 | 适量 |

## 制作步骤

1. 紫米、江米分别洗净后用清水泡 1 个小时左右。蒸锅中放入适量水，将紫米和江米放在浸湿的屉布上，用筷子在米里戳几个通气孔，放入蒸锅中蒸 30 分钟。

2. 米熟后取出，加入 1/3 份的白砂糖和适量油搅拌均匀备用；将淡奶油与剩余的白砂糖混合，打发成奶油备用。

3. 将心形模具内壁涂上少量油，塞入适量蒸好的米，压实，制成米饼后取出。以此类推做出需要数量的米饼。

4. 在一片米饼上挤入适量奶油，将另一片米饼盖上，

Tips

紫米含有身体所需的多种氨基酸，还有很高含量的铁、钙、锰、锌等微量元素，这些都是基础性质的营养，妈妈和宝宝都应该经常食用。

## 制作步骤

1. 把西瓜汁、白砂糖、苏打和10ml油混合搅拌均匀，制成糖浆。

2. 面粉放在容器中，将混合好的糖浆缓缓倒入面粉中，揉成面团。揉好的面团用保鲜膜盖好，静置10分钟左右。

3. 将醒好的面团揪成小剂，或者用刀切成小剂。用手把小剂子搓成约10cm的长条，注意小条的宽度要保持一致。

4. 两只手分别放在面条的两段，同时朝相反的方向搓面条，搓到面条上有密集的斜纹产生。将面条提起两头和在一起，面条自动就拧成麻花状了，麻花坯子就做好了。

5. 油倒入锅中，加热至六成热时，将麻花坯子分批下油炸熟即可。

**参考月龄：**1 岁半以上的宝宝

**喂养阶段：**大口咬嚼期

30 分钟

25 分钟

复杂

蛋白质、钙、铁、磷

直接分享

## 材料

面粉 - - - - - - -100g

西瓜汁 - - - - -50ml

白砂糖 - - - - - 10g

苏打 - - - - - - - - 1g

油 - - - - - - - -200g

( 实耗 20ml)

不加糖的宝宝专属
## 蛋挞

1 岁半 ~2 岁 / 嚼劲十足

参考月龄：1 岁半以上的宝宝

喂养阶段：大口咬嚼期

 1 小时

 20 分钟

 复杂

 蛋白质、钙、钾、磷

直接分享

## 材料

低筋粉 -----110g      水 ------- 60g

高筋粉 ----- 15g      鲜奶油 ----- 90g

黄油------- 60g      牛奶------- 70g

盐 -------- 1g       蛋黄------- 2 个

## 制作步骤

### 蛋挞皮的做法

1. 将 20g 黄油室温软化，然后与低筋粉、高筋粉、盐、水混合，揉成光滑的面团，放在冰箱中冷藏 20 分钟；其余黄油擀成薄片，放在冰箱中冷冻至硬。

2. 把冷藏好的面团放在案板上擀成长方形，把冻好的黄油薄片放在长方形面片的中间。

3. 把面片两边没有被黄油盖住的部分，分别折在黄油上面，使黄油完全包裹在面片之中。

4. 然后把面片擀薄并旋转 90℃，重复第 2 步和第 3 步两遍，最后再将处理好的面片放入冰箱冷藏 20 分钟。

5. 取出冷藏好的面片，擀成 0.3cm 厚的长方形，然后沿一边轻轻卷成面卷，用刀切成 1cm 厚的小剂子。

6. 把小剂子放入蛋挞模中，用手把剂子捏成蛋挞模的形状，静置 20 分钟。

### 蛋挞液的做法

1. 把鲜奶油和牛奶混合均匀，小火加热至沸腾后立即关火。

2. 蛋黄打散成蛋液，待牛奶和鲜奶油混合液冷却至不烫手时，缓缓将蛋液倒入牛奶中，边倒边搅拌均匀。

### 蛋挞的做法

1. 把做好的蛋挞液逐个倒入蛋挞模中，七分满即可。

2. 烤箱预热至 220℃，烤制 20 分钟左右即可。

Tips

1. 这道蛋挞中没有加入糖分，更适合宝宝食用。

2. 过滤一下蛋挞液，口感会更加细腻。

3. 还可以在蛋挞液中加入水果粒，做成口味更丰富的水果蛋挞。

好吃看得见
花样五彩炒饭

## 材料

香米 ------- 80g    薯片 ----- 3 ~ 5 片

芹菜 ------- 20g    葱末 ------- 2g

三文鱼 ----- 30g    盐 ------- 1g

即食紫菜 ---- 1 张    油 ------- 少许

## 制作步骤

1. 香米淘洗干净后浸泡 1 个小时，然后对水焖成米饭。

2. 芹菜洗净择去菜叶，斜刀切成小段；薯片掰成小碎片；即食紫菜剪成细丝。

3. 三文鱼放在平底锅中煎熟，稍放凉后按照纹理撕成小块。

4. 锅中倒入少许油，待油温六成热时，放入葱末爆香，然后放入三文鱼块和芹菜段，翻炒 2 分钟后，把焖好的米饭下入锅中，翻炒均匀后用盐调味即可。

5. 吃的时候在米饭中拌入薯片和紫菜丝。

参考月龄：1 岁半以上的宝宝

喂养阶段：大口咬嚼期

🔪 5 分钟（不含浸泡时间）

🕐 40 分钟

🍽 中等

⚛ 不饱和脂肪酸、铁、维生素 D

🍴 直接分享

Tips

1. 在大型超市可以买到冰鲜的三文鱼，尽量挑选肉质有弹性、鱼肉呈亮泽的鲜橙色且白色脂肪线粗的三文鱼来购买。

2. 这是一道食材种类丰富的美食，为了给宝宝提供更加全面的营养，建议妈妈每天给宝宝尽可能多地吃各种食物。

**参考月龄：1 岁半以上的宝宝**

**喂养阶段：大口咬嚼期**

## 制作步骤

1. 红薯去皮后切成小块，蒸熟后用勺子碾压成泥；干酵母粉和白砂糖分别用 30℃~40℃的水冲调开。

2. 将面粉分成两份，一份加入红薯泥和 1/2 份的酵母水，另一份加入剩余的酵母水与糖水。然后将两份面粉分别揉成面团，盖上保鲜膜后放置于温暖处发酵 3 个小时。

3. 分别将发好的不同颜色的面团擀成薄一点的面饼，将两张面饼重叠，从两边往中间卷起，再切成相同大小的面团。稍微展开面团制成蝴蝶的雏形，用筷子夹住面团的中下部，再用小刀划出蝴蝶的触须。

4. 蒸布浸湿后垫在蒸屉上，锅中加适量的水，大火蒸 10 分钟即可。

10 分钟（不含发酵时间）

30 分钟

复杂

蛋白质、磷、钙

直接分享

## 材料

面粉 ------- 100g

红薯 ------- 10g

酵母粉 ----- 20g

白砂糖 ------ 5g

Tips

1. 妈妈一定要将红薯蒸熟蒸透，不然宝宝不容易消化。

2. 把花卷或其他面食放在打湿的蒸布上，这样不容易粘连，便于取出。

清雅鲜美
**鲫鱼豆腐汤**

1 岁半 ~2 岁 / 嚼劲十足

🔪 10 分钟

🕐 40 分钟

🛆 中等

❀ 蛋白质、大豆卵磷脂、钙、钾

🍽 直接分享

参考月龄：1 岁半以上的宝宝

喂养阶段：大口咬嚼期

## 材料

鲫鱼－－－－－－500g

嫩豆腐 －－－－－ 10g

山药－－－－－－ 10g

胡萝卜 －－－－－ 10g

姜片－－－－－－ 2 片

葱段－－－－－－ 50g

香菜叶 －－－－－ 少许

盐 －－－－－－－ 1g

油 －－－－－－－ 适量

## 制作步骤

1. 鲫鱼去鳞、去鳃、去内脏后洗净，沥干水分；山药、胡萝卜洗净去皮后切块；豆腐冲洗后切成小块。

2. 炒锅中放入适量油，放入鲫鱼煎至金黄色后倒入清水，然后放入姜片和葱段大火煮开 5 分钟，之后改小火继续煮 20 分钟，加入山药、胡萝卜和豆腐块，再煮 10 分钟，最后加盐关火。

3. 出锅前撒上香菜叶即可。

Tips

1. 在煎鱼的过程中需使用中火，这样鱼肉不会煎烂，加水煮后汤色也会非常白。

2. 鲫鱼中的蛋白质含量很高，且容易被宝宝吸收，还具有健脾开胃活血的功效。给鲫鱼去腥味的方法不仅可以用黄酒抹鱼身，用牛奶浸泡也是一个去腥增鲜的好办法。

3. 鲫鱼肉质鲜嫩，但刺较多，妈妈只需喂食宝宝鲫鱼汤即可，因为营养已经大部分溶解于汤中了。

冬日暖身好汤

## 羊骨山药红枣汤

## 材料

羊棒骨 ----- 150g

红枣 ------ 10 粒

山药 ------ 100g

葱段 ------ 少许

姜片 ------ 少许

大蒜 ------ 4 瓣

盐 ------ 2g

**参考月龄**：1 岁半以上的宝宝

**喂养阶段**：大口咬嚼期

🔪 20 分钟

🕐 2 个小时

🍽 中等

⚛ 蛋白质、钾、磷、硒

▦ 直接分享

## 制作步骤

1. 山药洗净后，削去外皮，切成滚刀段——削皮的时候注意戴一次性手套，防止山药中的黏液造成皮肤过敏。

2. 购买羊棒骨的时候请商贩把羊棒骨剁成小段，制作前把羊棒骨用温水洗净后放入砂锅中，加入红枣、山药段、葱段、姜片、蒜瓣和适量水，大火煮开后，撇去上面的浮沫，转小火炖煮 2 个小时。

3. 根据家人口味需要，加入少许盐调味即可。

Tips

1. 削山药皮时，如果不小心将山药的黏液粘在了手上，用生姜涂抹手部皮肤就可以去除瘙痒感。

2. 山药富含硒，所以也特别有营养，可提高免疫力，养胃固肾，还有美容养颜、乌黑头发的作用，妈妈们也可以多吃一些。

# 第八章

## 2~3岁
## 小大人的花样餐桌

 **小大人的花样餐桌**

宝宝满 2 周岁后，肠道消化系统逐渐发育完善，饮食的种类和时间大体与成人相同，但是还要注意营养平衡，以及吃易于消化的食物，辛辣刺激性的食物还是不能接触的。除了每日三餐外，上午和下午可以分别给宝宝添加两次小点心，需要注意的是，点心不宜过多，而且不要与正餐的时间距离太近，以免影响宝宝正餐的食欲。

## 牙齿保健

在这段时期，宝宝的乳牙会逐渐出齐，宝宝的牙齿清洁就要提到日程上来了。首先，给宝宝准备专用的牙刷，这种牙刷质地柔软，不会对牙龈造成损害。2 岁起，可以让宝宝开始用清水刷牙。满 3 岁后就可以用宝宝专用的牙膏开始刷牙了。

原则来说，7 岁以前宝宝刷牙还是需要家长亲自来完成。避免宝宝自己刷不干净，造成龋齿。

## 3 岁后学用筷子最合适

不用急于让宝宝学会"使用筷子"这一生活技能，用筷子夹菜需要手指、腕、肘和肩共同协调才能完成， 虽然手部的动作训练可以促进大脑的发育， 但还是需要以大脑发育到一定程度为前提。待宝宝长到 3 岁后再学习使用筷子也不迟。

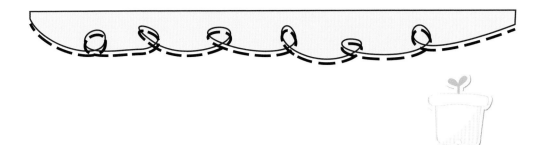

## 把食物做得好玩一些

这个阶段的宝宝已经尝过并且接受了大部分的自然食物，饭菜形式也越来越成人化，但是与真正的成人饭菜还是有一定区别的。宝宝的乳牙还没有完全长全，虽然具备了一定的咀嚼能力，可以接受一些成形的固体食物，但在所有牙齿出齐之前，食物的质地还要是以细、软、烂为主。妈妈在做饭的时候，可以在调味前把宝宝的分量盛出来，再进一步加工得软烂一些。

## 汤姆立克急救法

孩子因吃到碎小食物引起窒息的情况并不少见，家长在日常生活中要尽量减少让孩子食用花生、瓜子、豆子等容易堵塞呼吸道的食物，可以变换食材的形状让孩子食用，如碾压成泥状，或打成粉末。同时孩子吃饭时候不要说话、打闹、玩笑，也容易造成窒息。

如需到异物堵塞在呼吸道的意外情况发生，通常表现为呼吸困难、脸色变紫、不能咳嗽等症状，首先不要慌张，通过汤姆立克急救法自救，将状况化险为夷。

适用于本书适龄儿童及成人的汤姆立克急救法：

1. 站在病人背后，一手握拳，放置于病人肚脐和胸骨间，另一手握住拳头。2. 瞬间快速压迫病人的腹部，用肺部剩余的空气将异物冲出。3. 反复几次直至异物排出。

对于更小的孩子：

1. 将孩子面部向下，身体放置于前臂上，同时用手托住孩子的头部和颈部，头的高度略低于胸部。2. 用另一只手的手掌根部用力拍击孩子背部两肩胛骨之间 5 次。3. 如果重复上述动作 5 次后症状没有缓解，则将孩子翻正，角度不变，用食指及中指按压胸骨下半段，直至异物排出。需要注意的是，不要按压伤孩子的肋骨。

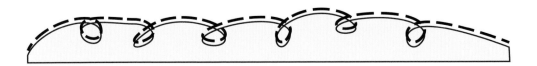

# 香芹皮蛋瘦肉粥

🔪 10 分钟（不含浸泡时间）

🕐 50 分钟

🍽 中等

⚛ 蛋白质、胡萝卜素、铁、维生素 B 、维生素 B₂、维生素 C

🍲 直接分享

**参考月龄：2 岁以上的宝宝**

**喂养阶段：大口咬嚼期**

## 制作步骤

1. 大米洗净后放入碗中，放入香油和少许盐及 1 汤匙清水搅拌，浸泡 30 分钟。

2. 皮蛋去壳，用棉线把皮蛋剖成小块，然后改刀切成小丁；猪肉切碎；香芹保留叶子，切成小丁备用。

3. 将锅中倒入 2~3 碗清水，加热煮沸后倒入瘦肉末，再次沸腾后撇去水面上的浮沫，然后加入姜末和 1/2 份的皮蛋，继续煮 2 分钟后倒入浸泡过的大米，搅拌至煮沸。

4. 持续沸腾 5 分钟后改成小火，继续煮 40 分钟。每隔 10 分钟左右搅拌一次，以免粘锅。

5. 出锅前放入剩余的皮蛋、香芹及少量的盐，最后滴入少量香油，撒上香葱末，凉温后食用。

## 材料

| | |
|---|---|
| 香芹 | 10g |
| 猪瘦肉 | 20g |
| 皮蛋 | 半个 |
| 大米 | 50g |
| 姜末 | 2g |
| 香油 | 数滴 |
| 香葱末 | 少许 |
| 盐 | 1g |

Tips

香芹叶中的胡萝卜素是茎的 88 倍，维生素 C 和维生素 B₁ 则都是茎的 10 倍以上。

金灿灿的
**奶酪南瓜羹**

<table>
<tr><td>🥄</td><td>5 分钟</td></tr>
<tr><td>🕐</td><td>20 分钟</td></tr>
<tr><td>🍽</td><td>简单</td></tr>
<tr><td>✿</td><td>蛋白质、B 族维生素、钙、钴</td></tr>
<tr><td>🍴</td><td>直接分享</td></tr>
</table>

## 制作步骤

1. 南瓜去皮，去籽，切成薄薄的小块，放在蒸锅中用大火隔水蒸 10 分钟，然后用勺子碾成泥。

2. 锅中放入奶酪加热，待其化开后倒入南瓜泥炒匀，最后倒入牛奶，待汤汁浓稠时关火，盛出后撒上些干果碎搅拌均匀即可。

**参考月龄：2 岁以上的宝宝**

**喂养阶段：大口咬嚼期**

## 材料

南瓜 ------- 40g

奶酪 ------- 10g

牛奶 ------- 20ml

干果碎 ------ 5g

Tips

1. 奶酪含有丰富的蛋白质、B 族维生素、钙，能给宝宝的生长发育添砖加瓦。

2. 南瓜含有的果胶能保护胃黏膜，还能促进肠道的蠕动，是宝宝消化系统的好帮手。

花样"豆腐"

# 猕猴桃汁冰豆腐

🔪 5 分钟

🕐 15 分钟（不含冷藏时间）

🍲 中等

❀ 维生素 C

🍽 直接分享

## 材料

猕猴桃汁 --- 150ml

黄桃丁 ----- 20g

琼脂------- 5g

炼乳------ 适量

## 制作步骤

1. 把泡好的琼脂放入清水中加热至完全溶化。

2. 将猕猴桃汁、琼脂液倒入容器内搅拌均匀，放入微波炉中，用中高火加热 3 分钟，晾凉后放入冰箱中冷藏。

3. 将做好的冰豆腐脱模、切块，与黄桃丁混合均匀后装盘，浇入炼乳即可。

Tips

1. 猕猴桃又叫奇异果，它含有丰富的维生素 C 和各种人体必需的微量元素、膳食纤维、抗氧化物质，是宝宝摄取维生素 C 的首选水果之一。

2. 琼脂也可以用鱼胶粉替代，只需提前用清水稀释，略微加热即可。

3. 猕猴桃汁也可根据宝宝口味的喜好换成其他果汁，尝试不同的口感。

一闪一闪亮晶晶
# 菜丁肉末卷

🔪 5 分钟

🕐 15 分钟

🍲 中等

❋ 蛋白质、胡萝卜素、铁、维生素 A

🍽 直接分享

## 材料

胡萝卜 ----- 50g        面粉 -------100g

猪肉馅 ----- 20g        盐 -------- 1g

香芹 ------ 15g         姜末 ------- 1g

鸡蛋 ------ 1 个        油 ------- 适量

## 制作步骤

1. 胡萝卜洗净、去皮，切成 1cm 的小丁；香芹洗净，切成 1cm 的小丁；肉末中加入少许姜末和盐，腌渍 5 分钟。

2. 将热锅中放油，待油温六成热时倒入肉末翻炒至变色，然后倒入胡萝卜丁，最后倒入芹菜丁翻炒至熟透，然后盛出备用。

3. 在大碗中打入一个鸡蛋，加一小碗水，然后倒入面粉，搅拌均匀调成面糊后倒入一半炒熟了的原材料。

4. 热锅中放少许油，倒入面糊，待面糊接近固体时将另一半材料均匀地撒在面饼上，翻一次面后直接出锅。

Tips

1. 胡萝卜中所含的 β-胡萝卜素是脂溶性的，最好用适量的油炒制或者搭配肉类，会更有利于胡萝卜素的吸收。

2. 建议搭配不同的主食来提高宝宝对食物的兴致，用薄薄的馄饨皮把炒好的蔬菜丁卷起来，再在蒸锅中隔水蒸 5~8 分钟，做出的蔬菜肉末卷宝宝也一定爱不释手。

吃出健康牙齿
## 蟹棒炝莴笋

## 材料

蟹棒 ------- 30g
莴笋 ------- 30g
大蒜 ------- 2 瓣
姜 -------- 2 片
水淀粉 ----- 15ml
盐 -------- 1g
油 -------- 5ml

**参考月龄：2 岁以上的宝宝**

**喂养阶段：大口咬嚼期**

🔪 10 分钟

⏱ 5 分钟

🍽 中等

✿ 蛋白质、氟、钾、B 族维生素

🍴 直接分享

## 制作步骤

1. 把蟹棒洗净，切成菱形片；莴笋洗净、去掉外皮，切成薄片，然后改刀切成菱形片，放入沸水中烫熟，捞出沥干水分备用；姜和大蒜分别切成末。

2. 热锅中倒入油，放入姜末和蟹棒片翻炒，然后加入莴笋片，再加入盐和大蒜末，最后倒入水淀粉勾芡即可。

Tips

1. 蟹肉性寒，宝宝不宜多食，少量食用时可以用姜中和一下。

2. 莴笋含有丰富的微量元素，其中的氟元素能参与宝宝骨骼、牙齿的生长。要想保持莴笋的爽脆口感，在热水中烫熟后再放入凉水后再捞出。

## 胡萝卜韭菜炒香干

### 材料

韭菜 ------- 30g　　香干 ------- 10g

胡萝卜 ----- 20g　　盐 -------- 1g

姜末 ------- 2g　　油 --------5ml

### 制作步骤

1. 将韭菜洗净，切成 3cm 长的小段；胡萝卜去皮，切成等长的细丝；香干切成细丝备用。

2. 油温六成热时，放入姜末和香干翻炒，待香干表面变黄后倒入准备好的胡萝卜丝，煸炒出红油后，放入韭菜。

3. 加入盐调味，大火翻炒 20 秒后即可出锅。

**参考月龄：2 岁以上的宝宝**

**喂养阶段：大口咬嚼期**

- 🔪 10 分钟
- 🕐 10 分钟
- 🍚 中等
- ❋ 大豆卵磷脂、胡萝卜素、钙、维生素 C
- 直接分享

### Tips

1. 韭菜含有丰富的膳食纤维，可以促进宝宝排便。韭菜很容易熟，所以要最后放入。

2. 胡萝卜搭配着肉类炒制的话营养会更好地被吸收。

采蘑菇的小姑娘
# 香爆草菇

## 材料

草菇 —————— 40g

玉米粒 ————— 10g

红彩椒 ————— 10g

高汤 ————————15ml

盐 ————————— 1g

油 ————————5ml

**参考月龄：2 岁以上的宝宝**

**喂养阶段：大口咬嚼期**

🔪 10 分钟

🕐 10 分钟

🍽 中等

⚛ 磷、维生素 C

🍴 直接分享

## 制作步骤

1. 将草菇洗净，切成薄片后在沸水中烫 1 分钟，捞出沥干水分；玉米粒烫熟；红彩椒切成细丝备用。

2. 炒锅中放油烧至六成热，放入沥干水分的草菇片大火翻炒。

3. 放入高汤和玉米粒，加盖焖 3 分钟，然后放入红彩椒和盐，用大火翻炒收汁。

Tips

1. 玉米所含维生素 C 为大米和小麦的 5~10 倍，多吃玉米能帮助宝宝开发智力和增强记忆力，但是玉米不容易消化，每次不宜食用过多。

2. 草菇不仅含有足量的维生素 C，还有解毒的功效，能有效帮助机体排出铅、苯等有害物质。

多彩蛋饼
# 鸡蛋蔬菜面饼

## 材料

| | | | |
|---|---|---|---|
| 面粉 | 100g | 白胡椒粉 | 1g |
| 黄瓜 | 20g | 盐 | 1g |
| 小白菜 | 20g | 油 | 适量 |
| 胡萝卜 | 50g | 鸡蛋 | 2 个 |

## 制作步骤

1. 将小白菜洗净，切成碎末；胡萝卜去皮洗净，用擦丝器擦成细细的丝；黄瓜去皮切丝。

2. 取一个大点的盆，放入面粉、鸡蛋、小白菜、黄瓜丝、胡萝卜丝，加入盐、白胡椒粉和适量温水搅拌均匀，制成面糊。

3. 在平底锅中放入适量油，用小火烧热，舀一勺面糊轻轻地放入锅中，摊开铺平，一面成形后翻过来煎，直至两面皆为金黄色，便可出锅。

**参考月龄：2 岁以上的宝宝**

**喂养阶段：大口咀嚼期**

- 10 分钟
- 10 分钟
- 中等
- 维生素 C、蛋白质、钙、维生素 E
- 直接分享

Tips

1. 小白菜具有帮助宝宝骨骼发育、促进造血功能的作用，甜甜的小白菜制作的菜肴还能帮助宝宝清热去火。

2. 在调面糊的过程中加入的温水量一定不能太多，因为蔬菜本身就含有很充足的水分。妈妈也可变换不同的蔬菜来调节宝宝的营养，如西葫芦或苦瓜。

童年美味印记
# 番茄炒鸡蛋

## 材料

| | |
|---|---|
| 番茄 ------- 100g | 盐 --------- 1g |
| 鸡蛋 ------ 60g | 白砂糖 ------ 3g |
| 葱末 ------- 5g | 油 -------- 5ml |

## 制作步骤

1. 先将番茄洗净，在热水中烫一下，撕去表皮，用小刀挖去硬蒂，切成小块；把鸡蛋磕入小碗中打散，加入葱末混合均匀。

2. 炒锅内加热放油，油温六成热时倒入蛋液炒散，盛出备用。

3. 锅中留底油，倒入番茄，用中小火慢慢翻炒，待番茄块状不明显且出汤时，倒入炒好的鸡蛋，放入盐、糖调味，便可出锅。

**参考月龄：2 岁以上的宝宝**

**喂养阶段：大口咬嚼期**

- 10 分钟
- 10 分钟
- 中等
- 蛋白质、番茄红素、维生素 A、维生素 C
- 直接分享

Tips

番茄含有丰富的维生素和番茄红素，能帮助宝宝提高身体抵抗力，但是不要在空腹的时候食用。

# 拌花生菠菜

## 材料

菠菜 ------- 40g

花生米 ----- 10g

熟芝麻 ----- 适量

醋 ---------5ml

香油 ------- 适量

盐 --------- 1g

油 ------- 少许

## 制作步骤

1. 炒锅中直接倒入少许油和花生米，用小火加热，感觉到花生变轻后出锅，沥干油后稍加碾磨成花生碎。

2. 将菠菜洗净，切成小段，在开水中烫一下，取出后再放入凉水中过一下，捞出沥干水分。

3. 把菠菜和花生碎放置于盘中，加入盐、醋和香油，最后撒上少许芝麻，搅拌均匀后即可食用。

**参考月龄：2 岁以上的宝宝**

**喂养阶段：大口咬嚼期**

5 分钟

10 分钟

简单

蛋白质、胡萝卜素、铁、钙

直接分享

Tips

1. 炸后的花生性质热燥，一次食用不要过量。

2. 菠菜营养丰富，含大量的铁，能帮助宝宝留住红红的脸蛋，促进儿童成长发育！

宝宝小甜品
## 银耳红薯糖水

## 材料

银耳 ------- 15g

红薯 ------- 20g

白砂糖 ----- 适量

## 制作步骤

1. 银耳提前用温水发开,洗净,择成小朵 红薯洗净、去皮,切成 3cm 见方的小 丁。

2. 锅中放入 3~5 碗凉水,放入泡好的银 耳,水沸腾后转成小火继续熬煮 30 分 钟,然后倒入切好的红薯丁,继续熬 煮 30 分钟,出锅前适量放入白砂糖 即可。

**参考月龄:2 岁以上的宝宝**

**喂养阶段:大口咬嚼期**

10 分钟(不含浸泡时间)

60 分钟

简单

硒、维生素 D

直接分享

Tips

1. 煮这碗甜品时一定要注意火 候,一般熬制甜品或粥时选 择大火煮沸后转小火慢熬。

2. 吃红薯能帮助宝宝养胃润肠、 通气利便。银耳煮熟后要现 吃,不要放置过久,现做现 吃最健康。

去燥润心
## 百合香菇炒丝瓜

## 材料

丝瓜 ------- 30g
鲜香菇 ----- 20g
百合 ------- 10g
枸杞 ------- 少许

姜末 -------- 2g
盐 -------- 1g
油 --------5ml

**参考月龄：2 岁以上的宝宝**

**喂养阶段：大口咬嚼期**

🔪 10 分钟

🕐 10 分钟

🍽 简单

⚛ 蛋白质、钾、维生素 B$_1$、维生素 C、维生素 D

🍳 直接分享

## 制作步骤

1. 丝瓜洗净、去皮后切成小块；鲜香菇去蒂，切成方丁后入热水烫熟，捞出备用；百合洗净，切成小片；枸杞在温水中泡软。

2. 炒锅中放入油，炒香姜末，放入丝瓜翻炒变软后放入百合与香菇，用盐调味并翻炒均匀，最后加入少许枸杞即可出锅。

Tips

1. 丝瓜含有多种维生素和矿物质，多吃可以帮助宝宝清热泻火，有利于宝宝大脑的发育。

2. 百合含有丰富的维生素和蛋白质，有明显的止咳平喘作用。

Q 爽弹牙
双丝凉皮

伴你过酷夏
绿豆百合

## 材料

莴笋 ------- 20g      醋 ------- 15ml

胡萝卜 ----- 10g      芝麻 ------ 适量

豆芽 ------ 10g       盐 -------- 1g

凉皮 ------ 20g       香油 ------ 适量

## 制作步骤

1. 凉皮切成细丝后用凉开水冲洗干净，然后沥干水分；莴笋、胡萝卜洗净、去皮，用擦丝器擦成细丝；豆芽择去根须洗净；将莴笋、胡萝卜和豆芽放入热水中烫一下，捞出沥干水分。

2. 将所有食材放入碗中，滴入醋、盐、香油和少许芝麻搅拌即可。

**参考月龄：2 岁以上的宝宝**

**喂养阶段：大口咬嚼期**

🔪 20 分钟（不含浸泡时间）

⏲ 10 分钟

🍽 简单

❀ 胡萝卜素、维生素 $B_2$、维生素 C、纤维素、铁

🍴 直接分享

Tips

> 莴笋含有大量的植物纤维素，能促进宝宝肠壁蠕动，通利消化道，防治宝宝发生便秘。

## 材料

绿豆 ------- 20g

鲜百合 ----- 5g

白砂糖 ----- 2g

## 制作步骤

1. 绿豆洗净后，对入适量水，盖锅煮至沸腾，然后转小火继续煮至绿豆呈开花状。

2. 把鲜百合洗净，用手轻轻掰成小瓣，放入锅中小火煮至透明。

3. 最后放入白砂糖，待完全溶化后，搅拌均匀即可。

**参考月龄：2 岁以上的宝宝**

**喂养阶段：大口咬嚼期**

🔪 5 分钟

⏲ 40 分钟

🍽 简单

❀ 蛋白质、钙、铁、磷

🍴 直接分享

Tips

> 1. 绿豆有清热解毒、消暑除烦的作用，特别适合夏天食用。
> 2. 如果宝宝患有湿疹，不妨试试这道汤水，可能会有意想不到的效果。

美味不简单
## 香芹腐竹炒木耳

## 材料

腐竹 ------ 30g

黑木耳 ----- 20g

香芹 ------ 10g

葱姜末 ------ 2g

高汤 -------15ml

油 ---------5ml

盐 -------- 1g

参考月龄：2 岁以上的宝宝

喂养阶段：大口咬嚼期

🔪 10 分钟（不含浸泡时间）

🕐 20 分钟

🍽 中等

⚛ 蛋白质、卵磷脂、钙、铁

🍳 直接分享

## 制作步骤

1. 腐竹与黑木耳提前用温水浸泡至完全发开，然后冲洗干净。

2. 将泡好的腐竹切成菱形的小块；黑木耳切成与腐竹同样大小的小片；香芹洗净，先剖成两半后再切成小段。

3. 油温烧至六成热时，爆香葱姜末，之后放入切好的腐竹和黑木耳，翻炒 2 分钟后加入高汤和香芹，盖上锅盖焖 1 分钟，最后放入少量的盐调味。

Tips

黑木耳含有丰富的铁元素，能够帮助宝宝补血，而且木耳中的胶质还能帮助代谢体内杂质，具有"人体清道夫"的作用。浸泡木耳时间不要超过两个小时。以免腐败产生毒素。

迎风飞扬
## 炒三丁小船

## 材料

鸡胸肉 ----- 30g  盐 -------- 1g

黄瓜 ------ 200g  生抽 ------- 5ml

胡萝卜 ----- 50g  水淀粉 ---- 15ml

葱姜末 ----- 3g  油 -------- 5ml

## 制作步骤

1. 鸡胸肉去除筋膜后洗净；黄瓜、胡萝卜洗净、去皮。然后将半根黄瓜、鸡胸肉和胡萝卜切成 1cm 见方的小丁。

2. 另外 1 根黄瓜从 1/4 处从上向下切开，然后切成三段，用小刀挖出麻将大小的空间。

3. 炒锅中放入油，爆香葱姜末后放入鸡丁翻炒 2~3 分钟，放入生抽，倒入胡萝卜丁和黄瓜丁炒熟，出锅前倒入水淀粉勾芡。最后将炒三丁盛放在挖好的黄瓜中。

**参考月龄：2 岁以上的宝宝**

**喂养阶段：大口咬嚼期**

⟋ 20 分钟

◷ 15 分钟

⌂ 中等

❀ 蛋白质、胡萝卜素、磷、铁、维生素 E

🍽 直接分享

Tips

妈妈们也可选用柿子椒、小南瓜，或其他天然的果蔬来盛放食物，吸引宝宝的注意力，促进食欲。

吃到一滴不剩
# 黄瓜氽里脊

## 材料

黄瓜 ------- 150g
高汤 ----- 150mll
酱油 -------- 5ml
猪里脊肉 ---- 30g

葱末 -------- 5g
盐 --------- 1ml
香油 ------ 数滴

**参考月龄：2 岁以上的宝宝**

**喂养阶段：大口咬嚼期**

🔪 10 分钟

🕐 20 分钟

🔔 中等

✿ 蛋白质、钙、铁、葫芦素、维生素 E

🍽 直接分享

## 制作步骤

1. 先将黄瓜去皮洗净，切成薄薄的黄瓜片放在汤碗底部；里脊肉洗净后同样片成同等大小的薄薄的肉片。

2. 锅中倒入高汤加热，沸腾后把里脊肉片倒入锅中，再加入盐和酱油，再次沸腾后捞出里脊肉片，放在汤碗中。

3. 继续加热高汤，撇去水面上的浮沫，沸腾后直接倒入汤碗，再撒上些许葱末和香油即可。

Tips

1. 选购黄瓜时，看上去颜色鲜亮，摸上去有刺状凸起、坚挺的则为新鲜黄瓜。黄瓜中含有的葫芦素能帮助宝宝提高免疫力。

2. 猪里脊肉含有丰富的优质蛋白，而脂肪、胆固醇含量相对较少，适合宝宝食用，而其中所含的血红素（有机铁）和促进铁吸收的半胱氨酸，对改善宝宝缺铁性贫血具有辅助治疗的作用。

一口一颗的樱桃小丸子

# 香米肉丸

## 材料

猪肉馅 ----- 50g

香米 ------ 30g

鸡蛋 ------ 1 个

葱姜末 ------ 3g

枸杞 ------ 少许

香油 ------ 5ml

盐 ------ 2g

## 制作步骤

1. 把香米提前用水浸泡 1~2 个小时后控干水分，然后把香米平铺在盘中备用；枸杞用温水泡软备用。

2. 猪肉馅用刀背再剁碎一些，放在碗中，加入葱姜末、盐、香油、鸡蛋清，搅拌均匀上劲。

3. 把搅好的猪肉馅团成宝宝适口的小丸子，在米盘中滚动至肉丸表面粘满香米。

4. 将盘中抹上一层薄薄香油，把裹上香米的肉丸放在盘子中，每个丸子上点缀一颗枸杞，上蒸锅大火蒸 20 分钟即可出锅。

**参考月龄：2 岁以上的宝宝**

**喂养阶段：大口咬嚼期**

20 分钟（不含浸泡时间）

25 分钟

中等

蛋白质、钙

直接分享

Tips

爸爸妈妈可以选择不同的肉馅，例如虾肉、鱼肉给宝宝变换口味。也可以在香米里加入适量小米，为宝宝增加粗粮的营养。可爱白嫩的小丸子，拿在手里，一口一个，宝宝肯定喜欢啦！

活力四射的小宝宝
## 小炒猪肝

### 材料

猪肝 ------- 40g
胡萝卜 ----- 20g
葱姜末 ----- 3g
香菜碎 ----- 少许

蒜末 -------- 1g
酱油 --------5ml
盐 --------- 1g
油 ---------5ml

### 制作步骤

1. 先将猪肝去除筋膜，用凉水浸泡两遍，每次浸泡时间为 40 分钟，然后捞出切成薄片，用酱油、盐腌渍20 分钟；胡萝卜洗净、去皮，切成小片备用。

2. 油温六成热时，放入葱姜末爆香，然后放入胡萝卜片煸炒，待胡萝卜呈金黄色时放入猪肝，大火翻炒5 分钟，出锅前撒入蒜末和香菜碎即可。

**参考月龄：** 2 岁以上的宝宝

**喂养阶段：** 大口咬嚼期

🔪 20 分钟（不含浸泡时间）

🕐 10 分钟

🍽 简单

✿ 铁、锌、维生素 A、维生素 $B_2$

🍽 直接分享

Tips

1. 购买猪肝一定要选择颜色鲜亮的，质感嫩的，而且买回后一定要用自来水冲洗后再做进一步的处理。猪肝不能和鱼肉、雀肉、豆腐、荞麦一起吃，最好也不要和一些富含维生素C的食物一起食用，如豆芽、辣椒、毛豆、山楂等。

2. 猪肝一定要在急火中停留 5 分钟以上，才能有效去除猪肝内可能存有的某些病菌或寄生虫卵。

咕噜咕噜
## 菠萝鸡肉

## 材料

鸡胸肉 ----- 30g

菠萝 ------ 10g

彩椒 ------- 5g

干淀粉 ----- 5g

番茄酱 -----15ml

白砂糖 ------ 5g

水淀粉 -----15ml

盐 -------- 1g

油 ------- 100ml

（实耗 10ml）

**参考月龄：2 岁以上的宝宝**

**喂养阶段：大口咀嚼期**

🔪 20 分钟

🕐 10 分钟

🍽 中等

⚛ 蛋白质、磷、钾、维生素 C

🍴 直接分享

## 制作步骤

1. 把鸡胸肉洗净，切成块；菠萝洗净、去皮后切小块；彩椒洗净、去籽后切成小方块。

2. 将切好的鸡胸肉块用干淀粉腌渍 10 分钟，然后入油锅炸至表面金黄色后捞出沥干。

3. 锅中留底油，放入菠萝块、彩椒块、番茄酱、盐和白砂糖翻炒 1 分钟，倒入炸好的鸡肉翻炒均匀，最后用水淀粉勾芡即可出锅。

Tips

1. 菠萝含有多种维生素和矿物质，但给宝宝吃菠萝前一定注意要先用盐水浸泡，或更进一步加热加工，方可避免意外的过敏症状。

2. 妈妈可以根据宝宝年龄调整食材块的大小，只要宝宝适口就行。

拿手早餐

# 肉末豆腐鸡蛋羹

🔪 5 分钟

🕐 15 分钟

🍽 中等

❀ 蛋白质、大豆卵磷脂、钙、铁

🍳 直接分享

## 材料

猪肉馅 ----- 10g

嫩豆腐 ----- 10g

鸡蛋 ------- 1 个

香葱 ------- 2g

香油 ------- 少许

盐 -------- 1g

酱油 -------- 5ml

油 --------- 5ml

## 制作步骤

1. 将嫩豆腐洗净，切成 1cm 见方的小丁；鸡蛋打入碗中，加入大约与鸡蛋液等量的水，放入盐和切好的豆腐丁，用筷子沿一个方向轻轻搅拌，直接放入上气的蒸锅蒸 10 分钟。

2. 另起炒锅，油温六成热时，放入肉末煸炒至变色，倒入酱油。翻炒均匀后出锅，直接浇在鸡蛋豆腐羹上，点上几滴香油，撒上少量香葱即可食用。

Tips

1. 蒸鸡蛋时一定要用中小火，且锅盖不要盖得太过严实，用一根筷子搭在锅沿给锅盖留条缝，蒸出的鸡蛋羹一定超级嫩滑。

2. 鸡蛋羹好吃，可是碗底却很难洗，聪明的妈妈们可以事先在碗里薄薄涂上一层油，再倒入蛋液，洗碗就轻松啦！

翠绿中的一点红
# 菠菜鸡丝

🔪 5 分钟

🕐 20 分钟

🍲 中等

❋ 蛋白质、钙、钾、磷、铁、维生素 A

🍽 直接分享

## 材料

菠菜 ------- 80g          盐 --------- 5g

鸡胸肉 ----- 30g          白砂糖 ------ 1g

熟芝麻 ----- 适量         花椒 -------- 1g

枸杞 ------- 适量         油 ---------5ml

## 制作步骤

1. 把洗好的菠菜放入沸水中焯一下，再过一遍冷水，然后捞出沥干水分，切成几段备用。

2. 将鸡胸肉和泡好的枸杞放入蒸锅蒸 15 分钟后取出，再将熟的鸡胸肉用手撕成细丝，和菠菜、枸杞一起放入盘中。

3. 油温烧至五成热时，放入花椒，见花椒在油中聚集，闻到香味时即可关火，花椒油就制成了。

4. 将制好的花椒油趁热均匀地撒在菠菜和鸡肉丝上，加入少许糖和盐调味，再撒入少许熟芝麻，搅拌均匀即可。

Tips

1. 热水焯菠菜的目的是为了去除草酸，草酸和钙结合形成草酸钙，会影响钙的吸收。

2. 焯过后最好将菠菜立即过一下冷水，会使得菠菜的口感变得更好，颜色也更绿，夏天吃起来更加舒爽。

秋季润燥美味
# 芋头粉蒸排骨

## 材料

| | |
|---|---|
| 芋头 ------- 40g | 五香粉 ----- 少许 |
| 排骨 -------150g | 盐 -------- 1g |
| 粉蒸肉用米粉 - 20g | 油 --------5ml |
| 蒜末 ------ 少许 | |

**参考月龄：2 岁以上的宝宝**

**喂养阶段：大口咬嚼期**

- 10 分钟
- 25 分钟
- 复杂
- 蛋白质、磷、钾
- 直接分享

## 制作步骤

1. 将排骨洗净后剁成小段；芋头洗净，切成 1cm 见方的小块。

2. 将剁好的排骨与芋头中加入蒜末、五香粉、盐，腌渍 5 分钟，再均匀地裹上米粉。

3. 将所有材料放入盘子中，用中火蒸 15 分钟即可。

### Tips

1. 妈妈们也可以将裹好米粉的食材直接放在洗净的荷叶上蒸熟，这样做出的菜会透着沁人心脾的荷叶香味。

2. 市面上的粉蒸肉用米粉中大多已经含有一定分量的盐分和调味料，妈妈们一定要先看好配料再决定要不要添加盐和五香粉。

清淡鲜美，营养均衡
**虾仁丝瓜**

## 材料

虾 ------- 40g
丝瓜 -------400g
姜末 ------- 2g
水淀粉 -----15ml

香油------ 适量
盐 -------- 1g
油 -------5ml

**参考月龄：2 岁以上的宝宝**

**喂养阶段：大口咬嚼期**

🔪 10 分钟

🕐 5 分钟

🍽 中等

⚛ 蛋白质、钙、磷、镁、维生素 A、B 族维生素

🍴 直接分享

## 制作步骤

1. 虾洗净后，用牙签挑去虾线、去皮、去头后切成小段；丝瓜去皮，切成滚刀块。

2. 油温六成热时，爆香姜末，然后放入切好的虾段，接着放入丝瓜，翻炒至丝瓜变透明时，加入盐调味，最后用水淀粉勾芡即可，出锅前记得点几滴香油味道会更香。

Tips

1. 买虾时要选择无色透明、富有弹性的，看上去很红很大的反而不好。

2. 丝瓜中含有丰富的 B 族维生素，可以促进宝宝的大脑发育。

清凉淡爽

# 虾皮穿心莲

🔪 5 分钟

⏲ 5 分钟

🍽 简单

❋ 钙、铁、维生素 C

🍽 直接分享

## 材料

穿心莲 ----- 30g

虾皮------ 10g

大蒜------- 5g

盐 -------- 1g

油 --------5ml

## 制作步骤

穿心莲择成小段，洗净；虾皮用温水泡开；大蒜切成丁后捣成蒜泥。

锅中烧热水后，快速将择好洗净的穿心莲过一遍水。

另起锅，待油温六成热时，直接放入穿心莲和虾皮，出锅前用蒜泥和盐调味。

Tips

1. 穿心莲在烹饪过程中炒的时间一定不能过长，否则营养成分会有很大程度的流失。

2. 穿心莲叶子是有些苦的，可以适当调入少许糖，中和口感。

3. 穿心莲生长在长江以南地区，具有清热解毒、消炎、消肿止痛作用。

大口嚼海味
# 时蔬扇贝

## 材料

| | | | |
|---|---|---|---|
| 扇贝 | 5 只 | 香菜 | 少许 |
| 西葫芦 | 10g | 酱油 | 5ml |
| 魔芋丝 | 10g | 盐 | 1g |
| 红彩椒 | 10g | 油 | 5ml |

## 制作步骤

1. 扇贝去壳、去内脏，洗净后备用。

2. 西葫芦洗净切小片；红彩椒洗净切成小块；魔芋丝放入沸水中焯熟。

3. 锅中放入油，待油温六成热时，将扇贝放入，快速翻炒半分钟后，将西葫芦和红彩椒块放入，继续翻炒2分钟，放入盐和酱油调味。

4. 将魔芋丝放在盘子的底部，把炒好的扇贝和蔬菜铺在魔芋丝上，最后用香菜点缀即可。

**参考月龄：2 岁以上的宝宝**

**喂养阶段：大口咬嚼期**

- 15 分钟
- 5 分钟
- 中等
- 蛋白质、铁、钙、锌
- 直接分享

Tips

1. 魔芋中含有大量的膳食纤维，可以促进体内的有害物质排出。

2. 扇贝一定要彻底熟透再喂给宝宝吃。海鲜都属于寒性食物，不适合脾胃虚弱的宝宝多吃。

解馋营养两不误
## 豆沙双拼

### 材料

红豆 — — — — — — 20g　　冰糖 — — — — — — — 5g

玉米粒 — — — — 20g　　蜂蜜 — — — — — — 少许

酸奶 — — — — — —20ml

### 制作步骤

1. 红豆洗净后提前一晚浸泡在清水中；玉米粒从玉米棒上削出备用。

2. 锅中放适量的清水，将红豆和一半分量的冰糖放入锅中，用小火熬煮 40 分钟后取出，再将玉米和剩余的冰糖放入锅中，小火熬煮 20 分钟后捞出晾凉。

3. 将晾凉的红豆与玉米倒入酸奶中，再淋上少许蜂蜜即可。

**参考月龄：2 岁以上的宝宝**

**喂养阶段：大口咬嚼期**

10 分钟（不含浸泡时间）

1 小时

中等

蛋白质、钙、磷、维生素 C

直接分享

Tips

1. 红豆具有健脾、利尿的功效，玉米含有丰富的钙质和维生素 C，二者结合利于宝宝营养的补充。

2. 妈妈可根据宝宝的口味来决定熬煮红豆的时间，若想将红豆煮得更软烂，则需要煮更长时间或者用高压锅熬煮。

超 Q 甜点

# 木瓜红豆果冻

## 材料

红豆 ------ 30g    白砂糖 ----- 10g

木瓜 ------ 20g    炼乳 ------10ml

果冻粉 ----- 50g

## 制作步骤

1. 将红豆洗净，与适量清水一起放入高压锅中煮软烂；木瓜洗净、去皮、去籽，切成小片。

2. 另起一只煮锅，将软烂的红豆和豆汤倒入，撇去多余的豆皮，大火煮沸后加入白砂糖与果冻粉搅拌，然后把所有材料倒入模具中。

3. 将凝固好的红豆布丁脱模，摆上木瓜片、淋上炼乳即可。

**参考月龄：2 岁以上的宝宝**

**喂养阶段：大口咬嚼期**

15 分钟

20 分钟

中等

蛋白质、叶酸、钙、钾、维生素 C

直接分享

Tips

1. 如果没有木瓜，用芒果代替味道也很不错哦！

2. 吃果冻需要防止孩子说笑造成的窒息，家长一定要注意。

美味小花园
## 洋葱焗饭

## 材料

米饭 ------ 100g        青豆 ------ 10g

胡萝卜 ----- 10g        洋葱 ------ 10g

腊肠 ------ 20g        黑胡椒碎 ----- 1g

马苏里拉奶酪 - 15g        盐 -------- 1g

## 制作步骤

1. 将洋葱去皮、洗净，切丝；腊肠切成薄片；青豆去皮；胡萝卜切丁；奶酪刨成细丝备用。

2. 把米饭放入烤碗中，将所有食材铺在表面，撒上少许盐和黑胡椒碎，最后铺上奶酪丝。

3. 烤箱预热至200℃，将烤碗放入烤制10分钟，香喷喷的焗饭就出炉啦！

**参考月龄：2 岁以上的宝宝**

**喂养阶段：大口咬嚼期**

5 分钟

10 分钟

简单

蛋白质、胡萝卜素、钙、硒、维生素 C

直接分享

Tips

1. 焗饭成功的重中之重就是原材料中不能含有很多水，妈妈们一定要将所有食材沥干水分，并将烤碗擦干。

2. 饭中放入不同的干香料会有不同的风味（如罗勒、迷迭香），也可以将一份饭通过放入不同的食材（如海鲜、蘑菇、柿子椒等）分成多个区一饭多吃，满足一家人不同的口感需求。

美味再升级
# 香橙炸鳕鱼

- 5 分钟
- 25 分钟
- 中等
- 蛋白质、DHA、钙、磷、铁、维生素 C
- 直接分享

## 材料

| | |
|---|---|
| 橙子－－－－－－－200g | 面包屑 －－－－－ 少许 |
| 橙汁－－－－－－150ml | QQ 糖 －－－－－ 4 粒 |
| 鳕鱼－－－－－－－100g | 盐 －－－－－－－－ 1g |
| 鸡蛋－－－－－－ 1 个 | 白胡椒粉 －－－－－ 1g |
| 生菜－－－－－－ 适量 | 油 －－－－－－－ 适量 |

## 制作步骤

1. 先将鳕鱼去鳞，拽出白色的线，用凉水洗净，撒入少许盐和白胡椒粉搅拌均匀，腌渍 5 分钟左右；将鸡蛋打散，只取适量的鸡蛋清涂抹在鱼肉上，然后在鱼肉的表面上均匀地裹上一层面包屑。

2. 将橙子去皮，取出果肉，切碎后加入橙汁、QQ 糖在锅中熬煮，制作成黏稠的橙味浓汁。

3. 热锅中倒入油，待油温六成热时放入裹好面包屑的鱼片，炸至表面金黄时出锅沥干油，盛放在铺有生菜的盘子中。

4. 将熬制好的橙味浓汁浇在炸熟的鳕鱼上即可。

Tips

1. 鳕鱼中的蛋白质更容易被宝宝吸收。鳕鱼富含DHA，有助于宝宝记忆力的提高、神经系统的成长和大脑的发育。

2. 橙汁中的维生素C有助于增强宝宝的消化能力和抵抗感冒的能力，还能预防坏血病。

3. 香橙浓汁配上嫩滑的鳕鱼，带来不一样的口感，妈妈也可根据步骤 2 来熬制不同口味的果酱（如提子酱、草莓酱、苹果酱）。

浓汤细面

# 香菇鸡丝面

2岁~3岁 / 小大人的花样餐桌

🔪 10 分钟

🕐 35 分钟

🍽 简单

✳ 蛋白质、钙、磷、维生素 D

🥣 直接分享

## 材料

鸡腿肉 ----- 20g

胡萝卜 ----- 5g

鲜香菇 ----- 10g

宝宝挂面 ---- 40g

香菜 -------- 3g

姜丝 -------- 3g

鸡汤 ------- 适量

盐 --------- 1g

## 制作步骤

1. 鸡腿洗净后放在清水中煮熟，然后用小刀把鸡腿剔骨，剔好的鸡腿肉切成条状备用；鲜香菇去蒂，洗净后切成细丝；胡萝卜洗净、去皮，切成细丝；香菜洗净，切小段备用。

2. 锅中倒入适量鸡汤，把胡萝卜丝、香菇丝和鸡肉丝一起放入锅中，放入姜丝，大火煮开后加少许盐调味。

3. 另起锅，烧水把宝宝挂面煮熟，面条煮好后捞出放入碗中，倒入鸡汤、鸡肉丝和蔬菜，点上些许香菜段即可。

Tips

1. 剔掉肉的鸡腿骨也可放入锅中熬汤，点上一两滴醋，可以帮助钙质融化在汤中。

2. 人体所需的 8 种必需氨基酸中香菇就占了 7 种，营养价值极高。

香香小团子
# 芝麻薯饼

5 分钟

40 分钟

中等

蛋白质、钙、磷

直接分享

## 材料

土豆 ------- 200g

牛奶 ------- 80ml

芝麻 ------- 适量

澄粉 ------- 30g

黄油 ------- 10g

## 制作步骤

1. 将土豆去皮后，放入蒸锅蒸 20 分钟，直到筷子可以轻易将土豆扎透为止。

2. 土豆晾凉后，放在案板上用刀背碾成土豆泥。

3. 取一大碗，放入土豆泥、澄粉、黄油和牛奶，搅拌均匀后揉成软面团，分成小份揉成小球。
   用手轻轻把小面球压扁，放在装有芝麻的盘子中，让两面均匀粘满芝麻，制成薯饼坯子。

4. 烤箱预热至 180℃，上下火烤制 5~8 分钟即可。

Tips

1. 这份芝麻薯饼，除了用土豆外，用红薯或芋头也不错，还可以随自己口味做馅心，如豆沙馅。

2. 也可以随心所欲做成各种形状，如圆形，或用模具刻成花形等。

五彩香饭饭
# 水果拌饭

## 材料

草莓 ------- 200g

猕猴桃 ----- 50g

芒果 ------- 50g

米饭 ------- 80g

**参考月龄：2 岁以上的宝宝**

**喂养阶段：大口咬嚼期**

🔪 10 分钟

🕐 5 分钟

🍽 简单

❀ 胡萝卜素、维生素 C

🍱 直接分享

## 制作步骤

1. 草莓去蒂洗净，猕猴桃和芒果去皮，之后分别把这三种水果切成 1cm 左右的小丁。

2. 把水果小丁与米饭混合拌匀即可。

Tips

1. 还可以随意添加宝宝喜欢的水果来丰富口味，有核、有籽的水果需要提前去掉。

2. 对于芒果或者猕猴桃过敏的孩子不可食用。

荤素一锅出

## 土豆茄子牛肉煲

## 材料

| | | | |
|---|---|---|---|
| 茄子 | 30g | 蒜泥 | 2g |
| 牛肉馅 | 20g | 酱油 | 5ml |
| 盐 | 1g | 油 | 5ml |
| 土豆 | 30g | | |

## 制作步骤

1. 先将茄子洗净后去皮，切成 1cm 宽的条状；土豆去皮，切成 1cm 长的条状后煮 5 分钟，捞出沥干水分。

2. 待油烧至六成热时，放入土豆条翻炒，炒至土豆表面变焦黄时放入茄子，两者皆为金黄色时捞出，沥干油分。

3. 锅中留少许底油，放入牛肉末，滴入酱油翻炒，待牛肉变色后倒入土豆和茄子，放入盐，出锅前加入蒜泥，翻炒几下后出锅。

**参考月龄：2 岁以上的宝宝**

**喂养阶段：大口咬嚼期**

- 10 分钟
- 20 分钟
- 中等
- 蛋白质、钙、磷、维生素 P
- 直接分享

Tips

茄子切开后如果不是立即下锅的话最好浸泡在水中，以免氧化作用使茄子由白色变成褐色。

奶声奶气
# 奶香豌豆面

## 材料

面粉 ------- 120g　　鸡蛋 ------- 1 个

豌豆 ------- 20g　　盐 --------- 1g

牛奶 ------- 50ml

## 制作步骤

1. 面粉中加入鸡蛋和 25ml 牛奶，揉成面团后擀成薄薄的面饼，改刀成宽面条，再用手揪成小段。

2. 在锅中倒入剩余的牛奶，加热至 70℃时放入去壳洗净的豌豆，撒少许盐，加入少许水淀粉，做成豌豆牛奶汁。

3. 锅中烧开水后放入做好的宽面条，待宽面条煮熟后捞出过凉开水，沥干水分。

4. 盘中放上沥干水分的宽面条，淋上豌豆牛奶汁即可。

参考月龄：2 岁以上的宝宝

喂养阶段：大口咬嚼期

🔪　20 分钟

🕐　15 分钟

🍽　中等

⚛　蛋白质、钙、铜、维生素 C

🍶　直接分享

Tips

1. 鲜豌豆中含有丰富的维生素 C，以及多种微量元素，尤其铜的含量较多。铜有利于宝宝骨骼和大脑的发育。

2. 根据口味，可以在煮牛奶时放入适量的蒜泥，且最好在出锅前加入，可以达到给整道菜提味的作用。

# 第九章

## 量身打造的宝宝
## 功能套餐

宝宝的健康成长少不了各种微量元素的充足供给，妈妈最好在满足营养均衡的前提下，根据宝宝的发育情况有目的地补充相应的微量元素。比如长得过快的宝宝，还有刚刚断奶的宝宝，要着重钙质的补充；如果发现宝宝的头发稀黄或食欲欠佳，则有可能是缺锌的表现。每个宝宝的情况都不尽相同，注意观察宝宝的细节，有针对性地补充宝宝身体所需的营养，做个细心妈妈吧！

经典补钙餐
# 虾皮碎菜包

# 宝宝补钙餐

虾皮、豆腐、奶酪一起来补钙

参考月龄：1 岁以上的宝宝

喂养阶段：大口咬嚼期

🔪 10 分钟

🕐 50 分钟

🍽 复杂

✳ 钙、磷、维生素 C

🍴 直接分享

## 材料

虾皮 -------- 5g

小白菜 ----- 50g

鸡蛋 ------- 60g

自发面粉 ----150g

葱姜末 ----- 少许

盐 -------- 少许

生抽 -------15ml

香油 ------- 少许

## 制作步骤

1. 虾皮用温水洗净泡软后，切成碎末；鸡蛋打散，炒熟备用；小白菜洗净后用开水略烫一下，放在案板上切碎。

2. 把炒熟的鸡蛋和切好的小白菜放在一起，然后加入虾皮碎、少许盐、生抽、葱姜末、香油调成馅料。

3. 将自发面粉和好，静置醒 15~20 分钟，然后擀成包子皮，包入馅料制成小包子。

4. 蒸锅内加入适量水，把包子放入蒸屉上，盖上锅盖，上气后蒸 10 分钟即熟。

Tips

1. 虾皮含有丰富的钙、磷等矿物质，是补钙的高手，注意一定要选用新鲜优质的虾皮。

2. 小白菜用开水汆烫后可去除部分草酸和植酸，更有利于钙质的吸收。

3. 宝宝年龄的不同，虾皮和小白菜剁碎的程度也不相同，宝宝越小菜剁得更碎。

五彩补钙美味
## 虾仁紫菜拌面

## 材料

| | | | |
|---|---|---|---|
| 龙须面 | 50g | 骨头汤 | 500ml |
| 虾 | 5 只 | 紫菜 | 少许 |
| 鸡蛋 | 1 个 | 葱姜末 | 少许 |
| 番茄 | 50g | 盐 | 少许 |
| 黄瓜 | 50g | 油 | 5ml |

## 制作步骤

1. 番茄洗净，烫去外皮后切成小丁；黄瓜切成细丝备用；紫菜撕碎成小丁备用。

2. 鸡蛋打散，热锅中放少许油，摊成鸡蛋皮，切成细丝备用。

3. 虾洗净，去皮、去头，挑去虾线后切成小丁备用；龙须面放入骨头汤中煮熟，捞出备用。

4. 煮面的同时，锅中放入油，爆香葱姜末，放入虾和番茄炒熟，点少许盐调味。最后将炒好的酱料浇在挂面上，加上黄瓜丝、鸡蛋丝、紫菜碎拌匀即可。

**参考月龄：1 岁以上的宝宝**

**喂养阶段：大口咬嚼期**

- 10 分钟
- 20 分钟
- 中等
- 铁、钙、碘
- 直接分享

Tips

1. 紫菜中富含钙、铁元素，有利于改善贫血症状，对正在发育的儿童的骨骼和牙齿有一定的保健作用。

2. 海虾中富含丰富的钙和碘，能增强宝宝的记忆力。

可爱的汉堡
**迷你鱼肉汉堡**

**参考月龄：2 岁以上的宝宝**

**喂养阶段：大口咬嚼期**

## 材料

吐司面包 - - - - 2 片　　樱桃番茄 - - - - 25g

鱼肉 - - - - - - 30g　　宝宝奶酪 - - - - 2 片

绿叶生菜 - - - 12 片　　果酱 - - - - - - - 5g

## 制作步骤

1. 将吐司面包的硬边切掉，用模具压成对称的片。
2. 绿叶生菜洗净，切丝备用 鱼肉煮熟，切成末备用。
3. 取 1 片面包加上宝宝奶酪，涂抹少许果酱，加上生菜丝和少许鱼肉，再盖上一片面包，点缀上樱桃番茄即可。

🔪 5 分钟

🕐 2 分钟

🍽 中等

✾ 蛋白质、钙

🍞 直接分享

Tips

1. 把汉堡做成小巧可爱的样子，小朋友爱看也爱吃，巧手妈妈可以让宝宝把吃饭当作开心享受的过程。

2. 奶酪和深海鱼肉含有非常高的钙质，在所有奶制品中奶酪是含钙量最高的，而且奶酪中的钙非常容易被宝宝吸收，现在市场上有专门的儿童奶酪，在大型超市就能买到。

3. 汉堡里夹什么都可以，妈妈可根据宝宝的口味自由搭配。

# 宝宝补锌餐

## 肉类、豆类、贝类和苹果
## 帮助宝宝来补锌

**材料**

苹果-------100g

熟栗子 ----- 20g

干果------ 适量

牛奶------ 适量

参考月龄：7 个月以上的宝宝

喂养阶段：咀嚼期

5 分钟

10 分钟

中等

锌、铁

直接分享

## 制作步骤

1. 将熟板栗剥开，取栗子肉研成粉末备用；取适量干果碾成粉末备用。

2. 苹果洗净，去除果皮和果核，切成小块，用搅拌机搅拌成果泥备用。

3. 在苹果泥中加入适量牛奶、栗子末、干果末，搅拌均匀即可食用。

Tips

1. 锌是人体内很多重要酶的构成成分，对代谢活动有催化作用，能够促进宝宝生长发育与机体组织再生，并帮助宝宝提高自身免疫力，加速维生素 A 的代谢。

2. 板栗、核桃和花生都属于含锌较高的坚果，水果中以苹果的含锌量为最高。

3. 对于 6 个月～5 岁前的小宝宝而言，一定要合理地安排食谱，坚持膳食多样化，全面增加营养。克服了宝宝的挑食、偏食习惯，便可预防锌缺乏症。

暖"锌"海味
## 海鲜蔬菜粥

## 材料

芒果贝 ----- 50g    大米 ------- 20g

虾仁 ------- 10g    盐 --------- 1g

白菜 ------ 10g    香油 ------ 适量

## 制作步骤

1. 芒果贝清洗干净，去除外壳和沙袋，取净肉剁碎备用；虾仁去除虾线，剁碎备用；白菜洗净，切成细末备用。

2. 大米淘洗干净，放入适量水煮开后不停搅拌，煮成大米粥。

3. 大米粥九成熟的时候加入芒果贝碎、虾仁碎和白菜末，继续搅拌至煮熟。

4. 最后加入适量盐和香油调味即可食用。

**参考月龄：1 岁以上的宝宝**

**喂养阶段：大口咬嚼期**

- 10 分钟
- 40 分钟
- 中等
- 锌
- 直接分享

**Tips**

1. 补锌最好、最安全的方法就是食补，贝类和牡蛎等海产品是含锌量较高的食品。芒果贝可替换成其他贝类或者牡蛎。

2. 宝宝在 6 个月前吃母乳阶段不易缺锌，但是随着宝宝长大、运动消耗增强，营养需求也会增大，就要适量地给宝宝补锌。如果发现宝宝有明显发育迟缓、头发枯黄、食欲不佳等症状，建议去医院检查后，结合医生意见针对性地治疗，不要盲目地给宝宝喂食一些补锌药剂和保健品。

全"锌"全意
**萝卜番茄
牛肉汤**

## 材料

胡萝卜 ----- 20g　　葱末 -------- 2g

牛肉 ------- 30g　　盐 --------- 2g

番茄 -------100g　　油 --------- 5ml

高汤 ------ 适量

## 制作步骤

1. 胡萝卜洗净、去皮，切成小丁；番茄洗净、
   去皮，切成适口的小块；牛肉洗净，切成
   宝宝适口的小片。

2. 锅热后倒入油，油温六成热时，放入葱末
   爆香后加入牛肉片大火翻炒均匀，再加入
   胡萝卜继续翻炒 5 分钟。

3. 锅内加入适量高汤烧开，转成小火继续煮
   至胡萝卜变软烂，最后加入少许盐调味即
   可食用。

**参考月龄：2 岁以上的宝宝**

**喂养阶段：大口咬嚼期**

5 分钟

30 分钟

中等

蛋白质、胡萝卜素、铁、锌、
维生素 C

直接分享

Tips

1. 牛肉、羊肉和猪瘦肉均是含锌
   较高的肉类，可以根据宝宝的
   喜好替换着制作，满足宝宝
   挑剔的口味。

2. 骨头汤、肉汤、鸡汤、鱼汤等
   统称高汤，富含锌、钙等全面
   的营养，易于宝宝吸收。平时
   炖煮好的高汤可以分好小包放
   入冰箱，用的时候随时取用，
   很方便。

长个的法宝

# 番茄牛肉羹

# 宝宝长高餐

## 想要长得高，美食来补钙！

### 材料

牛肉 ------- 100g

洋葱 ------- 10g

日本豆腐 ----- 100g

樱桃番茄 ----- 150g

牛奶 ------- 50ml

生粉 ------- 少许

油 ------- 15ml

**参考月龄：7 个月以上的宝宝**

**喂养阶段：咀嚼期**

15 分钟

20 分钟

中等

蛋白质、大豆卵磷脂、钙、维生素 C

直接分享

### 制作步骤

1. 牛肉洗净剁成小粒，冷水下锅，水开后撇去浮沫盛出。

2. 樱桃番茄洗净，与洋葱一起切成碎丁；日本豆腐切小块；生粉对水成芡汁。

3. 热锅倒入油，油六成热时放入洋葱碎略微煸炒后，再放入番茄碎、牛肉粒，炒到番茄成酱状的时候，放入牛奶、日本豆腐，中火煮至沸腾后，用芡汁勾芡即可。

Tips

1. 低脂肪、高蛋白的牛肉含有丰富的钙和蛋白质，是促进宝宝身体生长不可或缺的重要食材。

2. 宝宝如不喜欢吃洋葱，也可以不放。

3. 牛肉要选择瘦而嫩的部位，比如里脊肉，避免选择有筋膜的。

多吃水果也长个
**木瓜草莓奶昔**

**参考月龄：1 岁以上的宝宝**

**喂养阶段：大口咬嚼期**

## 材料

鲜草莓 -----100g

木瓜------300g

牛奶------ 100ml

花生碎 ----- 少许

## 制作步骤

1. 将鲜草莓洗净切碎，与牛奶一起放入搅拌机中搅拌成奶昔。

2. 木瓜只取果肉部分，与花生碎一起撒入奶昔中即可。

5 分钟

5 分钟

简单

胡萝卜素、钙、维生素 C

直接分享

Tips

　　牛奶是补充钙质的永恒选择，要让宝宝喝牛奶，还要变着花样让宝宝爱上牛奶。酸奶、奶昔、奶酪、芝士都是宝宝饮食的最佳选择。

鲜嫩至极
## 香菇虾仁蒸蛋

## 材料

虾仁 - - - - - - - 100g
鸡蛋 - - - - - - 120g
鲜香菇 - - - - - 30g

盐 - - - - - - - - - 1g
油 - - - - - - - - 少许

## 制作步骤

1. 虾仁洗净后切成碎丁；香菇洗净也切成碎丁备用。

2. 把蛋清和蛋黄分离，取鸡蛋黄加入少量水和盐搅拌均匀，然后放入切好的虾肉碎丁，搅拌后再放入香菇碎丁。

3. 放入上气的蒸锅中大火蒸10分钟后，改小火蒸5分钟即可。

**参考月龄：2 岁以上的宝宝**

**喂养阶段：大口咬嚼期**

10 分钟

30 分钟

中等

蛋白质、卵磷脂、钙、维生素 D

直接分享

Tips

1. 鸡蛋所含的高营养可以很好地满足宝宝成长时期的营养需要，并且和富含钙质和优质蛋白的虾仁是很好的营养搭配，也是美味绝配。

2. 有海鲜过敏史的家庭，或者过敏体质的宝宝，尽量先不吃海鲜，以防过敏。给宝宝第一次尝试吃海鲜需要先买鲜活的海鲜。

卷起美味和营养
**时蔬寿司卷**

# 宝宝维生素餐

## 彩虹般各色果蔬来帮助宝宝补充多种维生素

参考月龄：2 岁以上的宝宝

喂养阶段：大口咬嚼期

🔪 10 分钟

🕐 15 分钟

🍽 中等

⚛ 蛋白质、钙、铁、维生素 A、维生素 C

🍳 直接分享

## 材料

小黄瓜 -----100g    白砂糖 ----- 10g

胡萝卜 ----- 30g    白醋--------5ml

方火腿 ----- 20g    盐 --------- 1g

米饭------ 适量    橄榄油 ----- 少许

紫菜------- 1 张    香油------ 少许

## 制作步骤

1. 将黄瓜洗净，切成细条；胡萝卜洗净，切丝，用橄榄油拌匀； 方火腿切成细条；米饭中放入白砂糖、白醋、盐和香油拌匀。

2. 将竹帘铺在案板上，再依次放上紫菜、米饭，把米饭平铺在紫菜上，压实后放上黄瓜、胡萝卜和方火腿，用竹帘卷起压紧后，切成小段即可。

Tips

1. 黄瓜和番茄中含有丰富的维生素 C，能够帮助宝宝提高抵抗力。

2. 黄瓜需要仔细洗净，如果实在不放心，可以将皮去掉。

维 C 新吃法
杏脯甜蛋羹

美味小果园
彩果煎蛋饼

参考月龄：1 岁以上的宝宝

喂养阶段：大口咬嚼期

## 材料

杏脯－－－－－－1~3 枚　　盐 －－－－－－－－ 1g

鸡蛋－－－－－－ 60g　　炼乳－－－－－－－ 2g

🔪 2 分钟

🕐 10 分钟

🍽 中等

⚛ 卵磷脂、维生素 A、B 族维生素、维生素 C

🍴 直接分享

## 制作步骤

1. 将鸡蛋打散成蛋液，加入适量水和盐搅拌均匀，放入微波炉高火打 5~7 分钟制成蛋羹。

2. 将蛋羹打散，放入杏脯搅拌均匀，淋入炼乳即可。

Tips

　　杏脯中含有丰富的矿物质和维生素，以及多种氨基酸及膳食纤维，对人体很有好处。杏脯中已经含有糖分，所以不宜再添加糖。年龄小的宝宝需要考虑将杏脯切成适口的大小。

## 材料

鸡蛋－－－－－－ 60g　　猕猴桃 －－－－－ 60g

面粉－－－－－－100g　　花生碎 －－－－－110g

樱桃－－－－－－ 20g　　炼乳－－－－－－ 少许

黄桃（罐装）－ 20g　　油 －－－－－－－ 适量

参考月龄：2 岁以上的宝宝

喂养阶段：大口咬嚼期

🔪 2 分钟

🕐 10 分钟

🍽 中等

⚛ 蛋白质、卵磷脂、铁、维生素 C

🍴 直接分享

## 制作步骤

1. 将鸡蛋打散，加入面粉和适量水调制成面糊。所有水果洗净切成宝宝适口的小丁。

2. 平底锅中放入油，油温五成热时倒入面糊，摊成饼状盛出。

3. 在蛋饼的中间卷上水果丁，然后淋入炼乳，撒上花生碎即可。

Tips

　　猕猴桃和黄桃均含有丰富的维生素 C，能够增强抵抗力。黄桃中还含有大量的胡萝卜素，而樱桃除了味道好之外，还有补铁补血的功效。

可爱诱人
水晶虾饺

# 宝宝开胃餐

## 让宝宝吃出好胃口！

## 材料

澄粉 —————— 100g

淀粉 —————— 50g

海虾 —————— 25g

鲜香菇 ————— 25g

黑木耳 ————— 25g

葱姜末 —————— 3g

盐 ———————— 3g

参考月龄：2 岁以上的宝宝

喂养阶段：大口咬嚼期

40 分钟

20 分钟

复杂

蛋白质、钙、碘、镁、磷

直接分享

## 制作步骤

1. 将澄粉与淀粉混合后揉成面团，静置在一边醒 30 分钟；鲜香菇、黑木耳均洗净切成碎末；海虾去头、去皮、去虾线洗净，剁成虾蓉后放入香菇末、木耳碎末、盐、葱姜末充分搅拌均匀，使肉馅上劲。

2. 面板上撒少许淀粉，将面团揉成长条，均匀切成若干小剂子并擀成面皮，放入虾肉馅包成小饺子。

3. 蒸锅内加水，水开后上锅，大火蒸 10 分钟即可。

Tips

1. 海虾含有丰富的蛋白质，肉质松软，鲜美提味，非常容易消化。海虾中的碘质可以很好地提高宝宝的身体免疫力。

2. 挑选鲜虾时的小窍门：选择虾壳坚硬有光泽的，虾身和虾头连接紧密的，这样的虾都是新鲜的虾。

酸酸甜甜胃口大开
番茄饭卷

## 材料

软米饭 -----200g
番茄------- 40g
奶酪------ 20g
鸡蛋------ 1 个

葱末------- 少许
油 ------- 适量
盐 -------- 3g

**参考月龄：2 岁以上的宝宝**

**喂养阶段：大口咬嚼期**

🔪 10 分钟

🕐 10 分钟

🍲 中等

✿ 蛋白质、钙、维生素 A、维生素 C

🥗 直接分享

## 制作步骤

1. 将番茄去皮后切成碎丁；奶酪擦成细丝；鸡蛋打散成蛋液备用。

2. 平底锅上放入油，油热后倒入蛋液，均匀摇晃锅身做成薄蛋饼。

3. 炒锅中放入少许油，油热后爆香葱末，再放入米饭和番茄碎继续翻炒 2 分钟，撒上奶酪丝，用盐调味后出锅。

4. 把炒好的米饭放在蛋饼上，卷成蛋卷后切开即可。

Tips

1. 番茄不仅能健胃消食，而且具有清热解毒的功能。夏天的番茄酸甜多汁，丰富的维生素 C 含量可以调节宝宝的肠胃。

2. 米饭中还可以放点火腿碎，丰富口感，调节宝宝的口味。

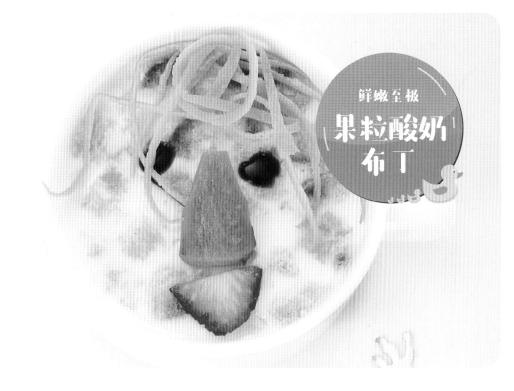

鲜嫩至极
果粒酸奶
布丁

## 材料

| | |
|---|---|
| 牛奶 ------ 100ml | 巧克力酱 ---- 少许 |
| 酸奶 ------ 50ml | 草莓 ------ 1 个 |
| 鱼胶粉 ----- 10g | 白砂糖 ----- 少许 |
| 黄桃 ------ 20g | 胡萝卜 ----- 10g |
| 西瓜肉 ----- 20g | 橙子皮 ----- 10g |

## 制作步骤

1. 把鱼胶粉和白砂糖放入牛奶中加热煮化，晾凉后加入酸奶，倒入圆形玻璃容器中搅拌均匀。

2. 将黄桃、西瓜肉切丁后加入到混合的奶液中，轻轻搅拌均匀后倒入小碗中，放入冰箱冷藏 1 至 2 个小时，使其充分凝固。

3. 胡萝卜削成鼻子的形状，草莓洗净去蒂切成嘴的形状，橙子皮切成细丝与 1 小匙白砂糖放在锅中煮成透明状。

4. 待混合的奶液凝固成形后，用少许巧克力酱、胡萝卜块、草莓块和橙子皮拼成卡通笑脸即可。

**参考月龄：** 1 岁以上的宝宝

**喂养阶段：** 大口咬嚼期

10 分钟

10 分钟（不含冷藏时间）

中等

蛋白质、钙、磷、铁、维生素 C

直接分享

Tips

1. 炎热的夏天里食用酸奶，酸甜开胃，可以促进食欲，而夏天种类丰富的新鲜水果都可以成为做布丁的好材料。

2. 可以选择浅底的盘子或碗做布丁的模子。

滋养从小开始

# 木瓜水果沙拉

# 宝宝养胃餐

## 木瓜、小米和鱼肉调出宝宝好胃口

参考月龄：1 岁以上的宝宝

喂养阶段：大口咬嚼期

🔪 10 分钟

🕐 5 分钟

🍽 简单

✿ 蛋白质、钙、铁、维生素 C

🍽 直接分享

## 材料

木瓜 ------ 20g

猕猴桃 ----- 10g

火龙果 ----- 10g

酸奶 ------50ml

## 制作步骤

1. 木瓜切开后用不锈钢勺刨去籽，切成小块；猕猴桃去皮后切成片；火龙果剥出果肉后切成方丁。

2. 锅中烧水至 70℃，放入食材烫 1 分钟后捞出控干水分。

3. 把水果丁放入碗中，最后在上面浇上新鲜的酸奶即可。

Tips

1. 木瓜性温和，含有多种氨基酸和维生素，有调节脾胃的功效，能帮助分解食物，减轻胃的负担。

2. 宝宝的肠胃功能尚未发育完全，所以要将水果在热水中烫一下再喂食给宝宝，能有效避免一些食物过敏现象的发生。对木瓜或者猕猴桃过敏的孩子忌食。

3. 妈妈可根据宝宝年龄的大小调整切食物的块的大小，一定要切成宝宝适口的形状，这样不但宝宝吃着不费力气，而且食物到胃里面容易消化。

养人养胃

# 南瓜小米花生粥

🔪 10 分钟

🕐 1 小时

🍽 简单

✳ 蛋白质、胡萝卜素、钴、磷、钾

🥄 直接分享

## 材料

南瓜 ------- 30g

花生 ------- 10g

小米 ------- 30g

## 制作步骤

1. 将小米用清水洗净；南瓜洗净，去皮、去籽后切成小块；花生用油炸熟碾碎备用。

2. 将浸泡好的小米和南瓜块倒入砂锅中，加入 3 碗水，开大火烧开后，改小火继续熬煮 40 分钟即可。

3. 出锅前撒上少许花生碎，凉温后即可喂食宝宝。

Tips

1. 小米含有人体所需的氨基酸，低纤维也适合宝宝柔弱的肠胃。熟的小米粥放置一会儿后，表面有层黏稠的皮，不要丢掉，那是养胃的好东西。

2. 南瓜性温和，其含有的胡萝卜素在瓜果类食物中是最高的，所含的果胶对保护胃黏膜有明显的作用。而花生不光能提高宝宝智力，还能起到开胃补钙的好效果。

好味易消化的小丸子
# 鸡蓉豆腐球

参考月龄：1 岁以上的宝宝

喂养阶段：大口咬嚼期

🔪 10 分钟

🕐 15 分钟

🍲 中等

✴ 蛋白质、钙、B 族维生素

🍽 直接分享

## 材料

鸡肉 ------- 30g

豆腐 ------ 50g

胡萝卜 ----- 20g

盐 ------- 少许

香油 ------ 数滴

## 制作步骤

1. 将鸡肉、豆腐洗净，剁成泥；胡萝卜洗净、去皮，切成小碎末备用。

2. 将所有材料放入碗中混合搅拌均匀。

3. 把搅拌好的馅料用手捏成一个个宝宝适口大小的球，整齐码在盘中。

4. 将盘子放在上气的蒸锅中蒸 10 分钟即可。

Tips

1. 豆腐和鸡肉中含有丰富的蛋白质、B 族维生素、钙等对宝宝有益的营养物质，易于消化吸收，还能促进宝宝的身体健康成长。

2. 胡萝卜含有碱质和果胶，能够吸附肠道内的细菌和毒素。

3. 为了让宝宝的肠胃消化功能更加健康，最好做到每餐定时、定量，避免过饥或过饱。

健胃小加餐
**牛奶苹果泥**

**参考月龄：4 个月以上的宝宝**

**喂养阶段：吞咽期**

5 分钟

8 分钟

简单

维生素 C

直接分享

## 材料

苹果－－－－－－ 50g

牛奶－－－－－－20ml

## 制作步骤

1. 苹果洗净，去皮、去核，切成小块放入搅拌机中打成泥状，放入碗中备用。

2. 在苹果泥中加入牛奶，用勺搅拌均匀后即可给宝宝食用。

Tips

苹果富含果胶，有吸附和收敛作用。同时苹果中含有纤维素且纤维较细，对婴幼儿的肠道刺激很小且能加强肠胃蠕动，既能止泻又能通便，特别适合 4 个月以上的宝宝。

甜甜滑滑又消食
# 红薯南瓜大米粥

## 材料

红薯 − − − − − − −10ml

南瓜 − − − − − − 10g

鱼胶粉 − − − − − 10g

10 倍稠粥 − − −20ml

## 制作步骤

1. 红薯、南瓜洗净、去皮，切成薄片，放在上气的蒸锅中蒸至熟软，取出后用勺子碾成泥。

2. 将大米淘洗干净，加 10 倍水煮成 10 倍稠粥。

3. 取适量 10 倍大米粥，加入红薯泥和南瓜泥，搅拌均匀后即可给宝宝食用。

**参考月龄：1 岁以上的宝宝**

**喂养阶段：大口咬嚼期**

5 分钟

20 分钟

简单

蛋白质、钾、磷、维生素 C

直接分享

### Tips

1. 南瓜含有丰富的植物纤维素、蛋白质、糖和多种维生素，不但对宝宝的肠胃非常有好处，还可增强宝宝的免疫力。

2. 红薯以红心的为最佳，越红的红薯富含的胡萝卜素也越多，口感也更佳。

爽滑鲜嫩
鳕鱼丸

# 宝宝消暑餐

## 帮宝宝"蒸"脱夏日炎热

### 材料

鳕鱼－－－－－－100g

胡萝卜－－－－－50g

扁豆－－－－－－20g

高汤－－－－－－50ml

淀粉－－－－－－适量

蛋清－－－－－－少许

酱油－－－－－－2ml

🔪 10 分钟

🕐 20 分钟

🍲 中等

⚛ 蛋白质、钙、钾、B族维生素、维生素 C

🥄 直接分享

参考月龄：1 岁以上的宝宝

喂养阶段：大口咬嚼期

### 制作步骤

1. 将鳕鱼片处理干净后剁碎，然后加入淀粉和少量蛋清，用力搅拌均匀，并制成鱼丸。

2. 把鱼丸放在盘子中，上锅蒸 10 分钟至熟透。

3. 将胡萝卜和扁豆切成小碎块，放在高汤中，加入酱油煮熟。

4. 将煮好的汤加入水淀粉勾芡，最后再倒在蒸好的鱼丸上即可。

Tips

1. 鱼肉具有消暑、止咳、补脑的功效，夏天给宝宝吃，营养又消暑。给宝宝吃鱼，最重要的是要耐心一点，把鱼刺去除干净。

2. 扁豆不能生吃，会引起食物中毒，所以记得扁豆一定要煮熟。

清爽过夏日
**牛奶南瓜羹**

## 材料

南瓜 ------ 50g

牛奶 ------ 适量

面包屑 ----- 适量

白砂糖 ----- 少许

## 制作步骤

1. 先将南瓜洗净，去皮切成小块，将南瓜块蒸至熟透，再将其放入碗中，搅成南瓜泥。

2. 在南瓜泥中加入牛奶和白砂糖，搅拌均匀，上锅再蒸 5 分钟。

3. 取出后在表面撒上面包屑，搅匀即可食用。

**参考月龄：1 岁以上的宝宝**

**喂养阶段：大口咬嚼期**

🔪 5 分钟

🕐 20 分钟

🍽 简单

⚛ 蛋白质、钙、维生素 A

🍲 直接分享

Tips

夏季是吃南瓜的好季节，南瓜可健脾胃，还有消暑的功效。南瓜最好用蒸的方法做，这样营养流失少，而且建议蒸南瓜要蒸透些，蒸得越透南瓜的味道越香甜诱人。

## 材料

苹果 - - - - - - -150g  　 香蕉 - - - - - - -100g

坚果粉 - - - - - 适量  　 米粉 - - - - - - 适量

## 制作步骤

1. 将新鲜的苹果清洗干净，香蕉去皮，分别切成小块后放在搅拌机里打成水果泥。

2. 在做好的水果泥中放入适量米粉，搅匀成稠糊状。

3. 可以根据个人的喜好，将糊放入小碗中或是模具中做成可爱造型的小团子，上锅蒸熟。

4. 如果宝宝喜欢吃坚果仁，可以在米糕的外面撒一些坚果粉。

**参考月龄：** 1 岁以上的宝宝

**喂养阶段：大口咬嚼期**

10 分钟

15 分钟

中等

蛋白质、胡萝卜素、钾、维生素 C

直接分享

Tips

1. 对于喜爱吃坚果的小宝宝，妈妈一定要把各种坚果仁炒熟磨成粉后再给宝宝吃。

2. 坚果对宝宝的大脑发育和视力发育都很有好处，但需要注意宝宝每天摄入的坚果量，如果吃多了会上火。

强壮宝宝的身体

# 豆腐什锦排骨汤

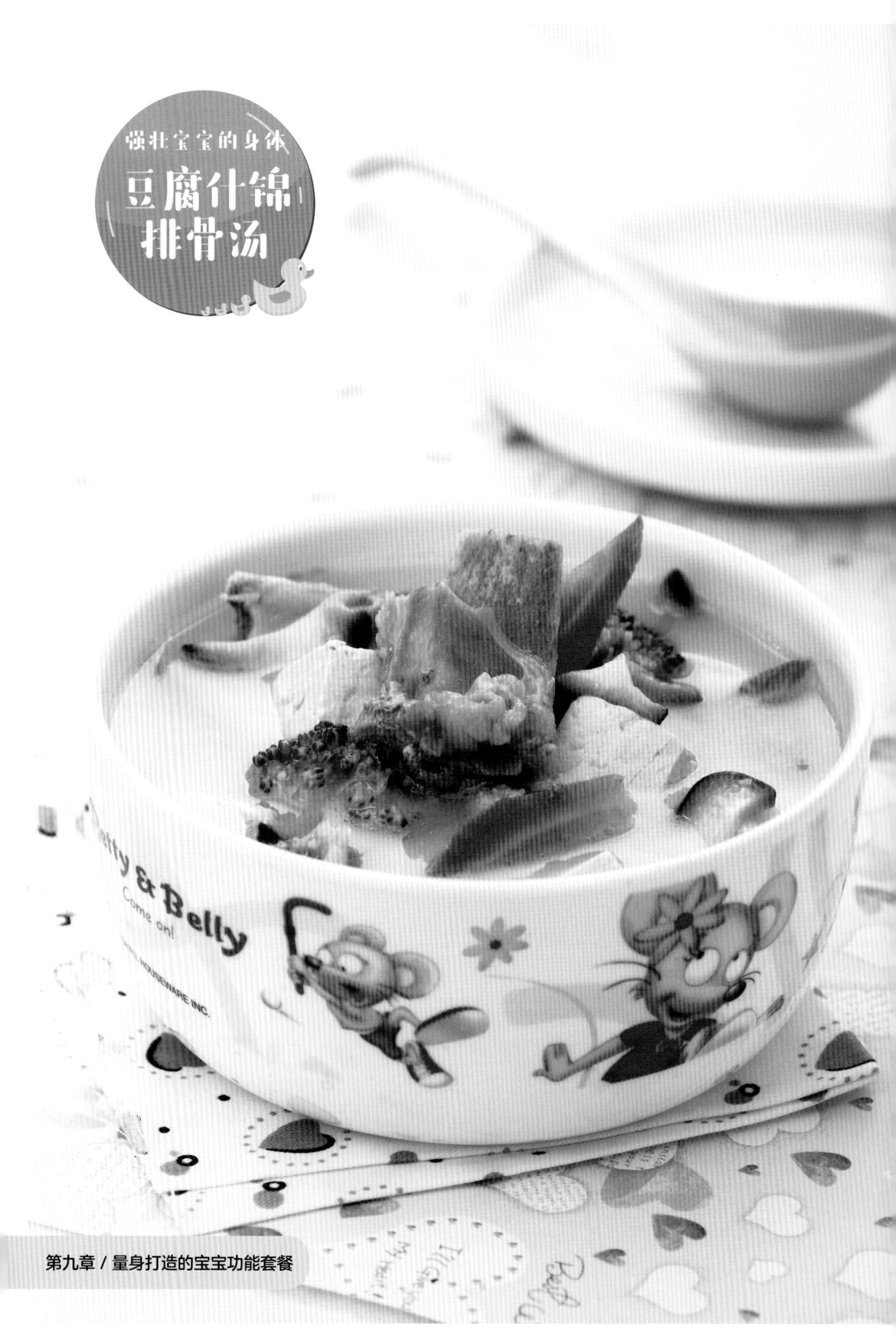

# 宝宝防感冒餐

## 肉、萝卜、番茄预防宝宝得感冒

**参考月龄：2 岁以上的宝宝**

**喂养阶段：大口咬嚼期**

🔪 50 分钟

🕐 20 分钟

🍲 中等

⚛ 蛋白质、胡萝卜素、钙、维生素 C

🍽 直接分享

## 材料

排骨 ——————150g
南豆腐 ————— 50g
香菇 —————— 50g
西蓝花 ————— 50g
胡萝卜 ————150g
葱姜片 ————— 少许
盐 ——————— 少许
醋 ————————5ml

## 制作步骤

1. 汤锅中加入洗干净的排骨，和没过排骨的清水。点少许醋，加入葱姜片煮 40 分钟，煮成排骨汤备用。

2. 西蓝花洗净掰成小朵；香菇洗净切成小片；胡萝卜去皮切成片；南豆腐洗净切小块备用。

3. 排骨汤中加入西蓝花、香菇、胡萝卜和南豆腐，焖煮 10 ~ 15 分钟，加少许盐调味即可食用。

Tips

1. 西蓝花是能增强人体免疫力的蔬菜，能预防各种疾病。

2. 香菇中含有一种名为蘑菇多糖的成分，它能有效增强人体免疫力，抵御外来病毒对身体的损害。

不做小病猫
# 番茄海鲜汤

🔪 10 分钟

🕐 10 分钟

🍽 中等

✿ 蛋白质、胡萝卜素、番茄红素、钾、碘、硒、
维生素 A、维生素 C

🍽 直接分享

# 材料

番茄 - - - - - - - 100g     葱姜末 - - - - - 少许

莴笋 - - - - - - - 20g     高汤 - - - - - - 适量

鲜虾 - - - - - - - 3 个     盐 - - - - - - - 少许

扇贝 - - - - - - - 20g     油 - - - - - - - 少许

# 制作步骤

1. 番茄和莴笋洗净、去皮，切成小碎丁；鲜虾洗净，去除虾线，切成小丁备用；扇贝去壳，
   把肉洗净切成小丁备用。

2. 热锅放油，加入葱姜末爆香，放入虾丁、扇贝丁、番茄丁和莴笋丁翻炒均匀，加入
   适量高汤大火煮开。

3. 汤开后再转小火煮两三分钟，加盐调味即可。

Tips

1. 番茄能为宝宝补充番茄红素、胡萝卜素等营养，保护细胞不受到损害，有效帮助宝
   宝增强身体抵抗力。番茄最好用少许油煸炒一下，这样番茄红素能被更好地吸收。
2. 虾和贝类能补充身体中的硒元素，硒可以提高宝宝的免疫力。
3. 高汤可以提前炖好，用小盒子分装，放入冰箱冷冻室保存。这样宝宝就可以随时有
   营养健康的靓汤喝了。煮面、煮汤、炒菜时放入，方便又美味。

增强抵抗力
## 鸡肝牛肉糊

# 宝宝强壮餐

## 豆制品、胡萝卜、动物肝、大蒜、谷物为宝宝抵抗力加足分

**参考月龄：2 岁以上的宝宝**

**喂养阶段：大口咬嚼期**

🔪 10 分钟（不含浸泡时间）

🕐 20 分钟

🍲 中等

✿ 蛋白质、钙、铁、锌、硒、维生素 A、维生素 $B_2$、维生素 C

🍽 直接分享

## 材料

鸡肝------- 10g

牛肉馅 ----- 10g

香油------- 适量

大蒜------ 1~3g

米糊------- 50g

## 制作步骤

1. 鸡肝去除筋膜和杂质，用冷水浸泡两遍，切成小碎丁备用；牛肉馅再次加工，剁碎备用。

2. 将切好的鸡肝和牛肉馅放入蒸锅中，用大火蒸 8 分钟左右关火。

3. 将大蒜瓣捣成蒜汁，取少许蒜汁加入两小匙的凉白开稀释备用。

4. 用勺子碾碎鸡肝和牛肉，用过滤网过一遍，和入米糊中。最后把蒜汁和香油掺入米糊中即可。

### Tips

1. 米糊的做法见本书 58 页。

2. 鸡肝一定要挑选带桃红色的，有弹性的新鲜鸡肝。鸡肝含有丰富的蛋白质、微量元素以及各种维生素，特别还含一般肉类不含的维生素 C 和微量元素硒，能增强宝宝的免疫力。建议 10 天喂食一次即可。

3. 大蒜含有蒜素，是宝宝免疫力的保护盾，最好捣成蒜汁再对水稀释后放入食材，这样可以柔和大蒜刺激的味道。

4. 父母可根据宝宝年龄的不同将鸡肝掺入不同的主食中喂食，如面食或粥。宝贝 1 岁后可以选择将动物肝切片后翻炒，会更合宝宝的口味。

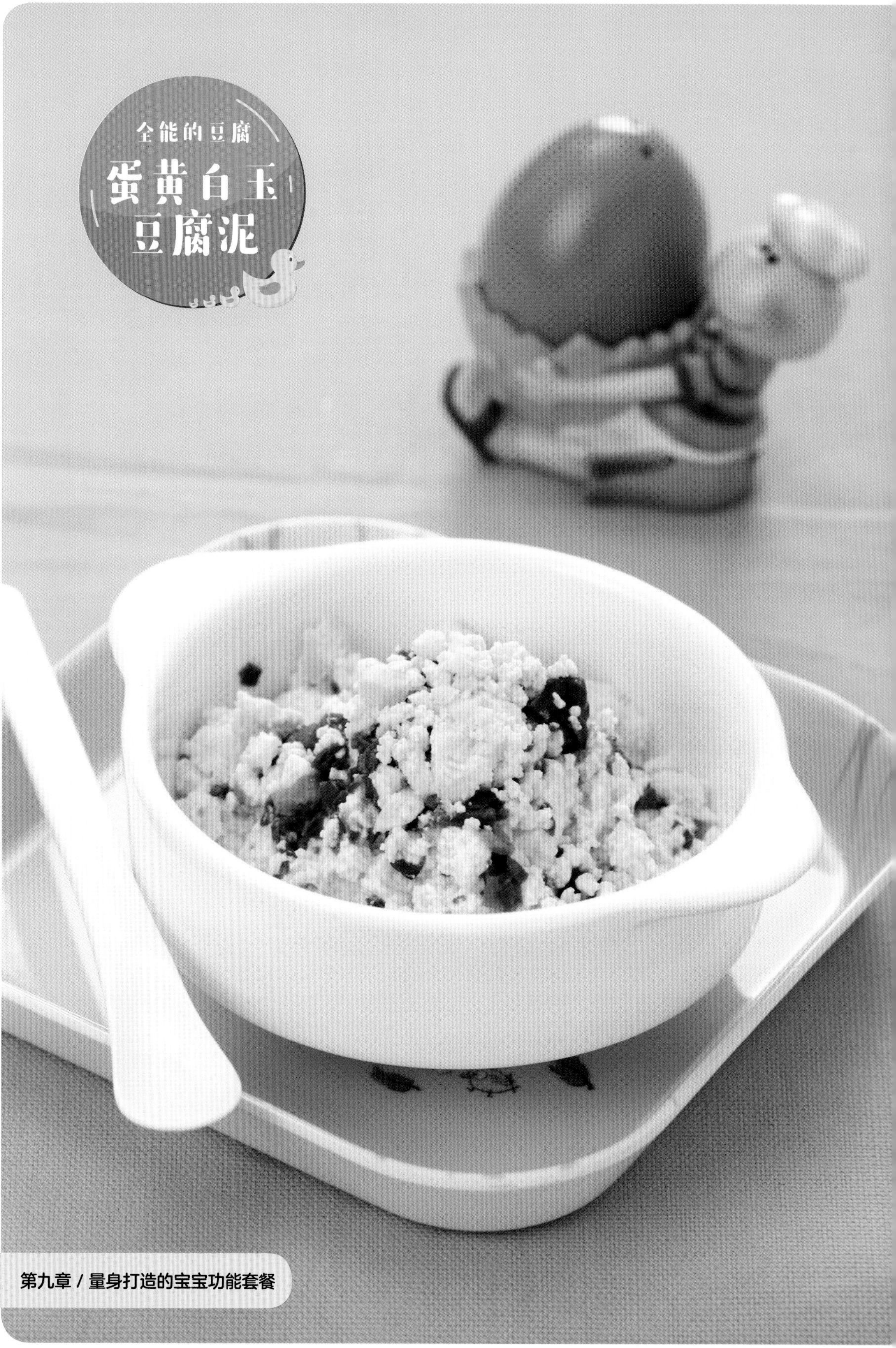
全能的豆腐
蛋黄白玉
豆腐泥

🔪 10 分钟

🕐 20 小时

🍲 中等

❋ 蛋白质、大豆卵磷脂、钙、维生素 A

📋 再加工分享

## 材料

豆腐－－－－－－－150g

油菜叶 －－－－－ 5g

熟鸡蛋 －－－－－ 1 个

## 制作步骤

1. 豆腐改刀切成小块，在热水中煮 5 分钟后用漏勺盛出放于碗中，用勺子碾碎；油菜叶洗净，在热水中烫熟，切碎后放在碗内搅拌均匀。

2. 把豆腐青菜泥放入一个可爱的容器中，隔水蒸 5 分钟。

3. 熟鸡蛋只取蛋黄并碾碎，撒在青菜豆腐泥表面，搅拌晾凉后即可喂食宝宝。

Tips

1. 嫩嫩的豆腐是植物食品中含蛋白质比较高的，包含有 8 种宝宝必需的氨基酸，还含有不饱和脂肪酸、大豆卵磷脂等。吃豆腐可以保护肝脏，促进机体代谢，增强免疫力，并且有解毒作用，非常适合接近入秋时给宝宝食用。

2. 豆腐可以配合蛋类、肉类一起食用，能让宝宝更加充分地吸收豆腐中的蛋白质。

**图书在版编目（ＣＩＰ）数据**

宝宝爱辅食 / 萨巴蒂娜主编 . —— 青岛 : 青岛出版社 , 2018.9

ISBN 978-7-5552-7599-2

Ⅰ . ①宝… Ⅱ . ①萨… Ⅲ . ①婴幼儿—食谱 Ⅳ . ① TS972.162

中国版本图书馆 CIP 数据核字 (2018) 第 189538 号

| | | |
|---|---|---|
| 书　　　名 | **宝宝爱辅食 BAOBAO AI FUSHI** | |
| 主　　　编 | 萨巴蒂娜 | |
| 副 主 编 | 高瑞珊 | |
| 出 版 发 行 | 青岛出版社 | |
| 社　　　址 | 青岛市海尔路182号（266061） | |
| 本 社 网 址 | http://www.qdpub.com | |
| 邮 购 电 话 | 13335059110　0532-68068026 | |
| 选 题 策 划 | 周鸿媛 | |
| 责 任 编 辑 | 贺　林　肖　雷 | |
| 特 约 编 辑 | 耀　婕　刘　丹 | |
| 插　　　图 | 袁也婷 | |
| 专 家 顾 问 | 李惠红 | |
| 设 计 制 作 | 张　骏　潘　婷　丁文娟　叶德永　毕晓郁 | |
| 制　　　版 | 青岛帝骄文化传播有限公司 | |
| 印　　　刷 | 青岛海蓝印刷有限责任公司 | |
| 出 版 日 期 | 2018年12月第1版　2018年12月第1次印刷 | |
| 开　　　本 | 16开（710毫米×1010毫米） | |
| 印　　　张 | 15.75 | |
| 字　　　数 | 100千 | |
| 图　　　数 | 242幅 | |
| 印　　　数 | 1–10000 | |
| 书　　　号 | ISBN 978-7-5552-7599-2 | |
| 定　　　价 | 49.80元 | |

编校质量、盗版监督服务电话　4006532017　0532-68068638

建议陈列类别：生活类　美食类